博士后文库
中国博士后科学基金资助出版

典型金属粉尘爆燃特性及抑制机理

孟祥豹　著

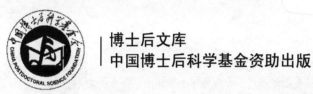

科学出版社

北　京

内 容 简 介

研究金属粉尘爆燃及抑制机理,对保障涉金属粉尘工业生产安全具有重要意义。本书通过理论分析和实验研究相结合的方法,对典型金属粉尘爆炸特性及抑制机理进行研究,主要包括典型金属粉尘爆炸火焰阵面结构、火焰阵面传播行为、火焰微观精细结构特征等;不同阶段爆炸压力的演变规律;惰性粉体对典型金属粉尘爆炸抑制机理;以天然多孔材料为载体,以碳酸氢钠、磷酸二氢钾等化学活性粉体作为负载颗粒,制备具有物理与化学高效协同抑爆效应的新型复合粉体抑爆剂,揭示复合粉体抑爆剂抑制典型金属粉尘爆炸的机理。

本书可为金属粉尘爆炸事故有效防控提供理论基础和技术支撑,可供从事粉尘爆炸相关领域工作的科研人员和工程技术人员参考。

图书在版编目(CIP)数据

典型金属粉尘爆燃特性及抑制机理/ 孟祥豹著. —北京:科学出版社,2022.9

(博士后文库)

ISBN 978-7-03-072325-3

Ⅰ. ①典… Ⅱ. ①孟… Ⅲ. ①金属粉尘-爆炸-研究 Ⅳ. ①TF123.9

中国版本图书馆CIP数据核字(2022)第086139号

责任编辑:李 雪 李亚佩 / 责任校对:王萌萌
责任印制:吴兆东 / 封面设计:陈 敬

科学出版社 出版
北京东黄城根北街 16 号
邮政编码:100717
http://www.sciencep.com
北京厚诚则铭印刷科技有限公司 印刷
科学出版社发行 各地新华书店经销

*

2022 年 9 月第 一 版 开本:720 × 1000 1/16
2023 年 10 月第二次印刷 印张:12 3/4
字数:252 000

定价:118.00 元
(如有印装质量问题,我社负责调换)

"博士后文库"序言

　　1985 年，在李政道先生的倡议和邓小平同志的亲自关怀下，我国建立了博士后制度，同时设立了博士后科学基金。30 多年来，在党和国家的高度重视下，在社会各方面的关心和支持下，博士后制度为我国培养了一大批青年高层次创新人才。在这一过程中，博士后科学基金发挥了不可替代的独特作用。

　　博士后科学基金是中国特色博士后制度的重要组成部分，专门用于资助博士后研究人员开展创新探索。博士后科学基金的资助，对正处于独立科研生涯起步阶段的博士后研究人员来说，适逢其时，有利于培养他们独立的科研人格、在选题方面的竞争意识以及负责的精神，是他们独立从事科研工作的"第一桶金"。尽管博士后科学基金资助金额不大，但对博士后青年创新人才的培养和激励作用不可估量。四两拨千斤，博士后科学基金有效地推动了博士后研究人员迅速成长为高水平的研究人才，"小基金发挥了大作用"。

　　在博士后科学基金的资助下，博士后研究人员的优秀学术成果不断涌现。2013年，为提高博士后科学基金的资助效益，中国博士后科学基金会联合科学出版社开展了博士后优秀学术专著出版资助工作，通过专家评审遴选出优秀的博士后学术著作，收入"博士后文库"，由博士后科学基金资助、科学出版社出版。我们希望，借此打造专属于博士后学术创新的旗舰图书品牌，激励博士后研究人员潜心科研，扎实治学，提升博士后优秀学术成果的社会影响力。

　　2015 年，国务院办公厅印发了《关于改革完善博士后制度的意见》(国办发〔2015〕87 号)，将"实施自然科学、人文社会科学优秀博士后论著出版支持计划"作为"十三五"期间博士后工作的重要内容和提升博士后研究人员培养质量的重要手段，这更加凸显了出版资助工作的意义。我相信，我们提供的这个出版资助平台将对博士后研究人员激发创新智慧、凝聚创新力量发挥独特的作用，促使博士后研究人员的创新成果更好地服务于创新驱动发展战略和创新型国家的建设。

　　祝愿广大博士后研究人员在博士后科学基金的资助下早日成长为栋梁之才，为实现中华民族伟大复兴的中国梦做出更大的贡献。

中国博士后科学基金会理事长

前　言

在我国工业化进程加快的同时，工业生产带来的安全生产事故也越来越多，粉尘爆炸是其中的一种形式。据化工安全部门出具的统计数据，常见的 7 类粉尘(金属、煤炭、饲料、农副产品、林产品、合成材料、粮食)引起的爆炸中，金属粉尘爆炸事故占到所有粉尘爆炸事故次数的 24%，比重较高。金属粉尘相较于其他粉尘，爆炸性能更强，爆炸威力更大，更危险。而且金属粉尘爆炸引发的火灾不容易扑灭，对环境造成的破坏更大。因此，金属粉尘引发的爆炸事故一直备受社会关注。

本书对典型金属粉尘爆燃及抑制机理进行系统性分析和研究，希望能对推进抑制金属粉尘爆炸的研究做出一定贡献，从而有效避免金属粉尘爆炸带来的安全生产问题。

作者依托山东科技大学安全与环境工程学院气体粉尘爆炸实验室近几年开展的粉尘爆炸领域的相关研究工作，并在典型金属粉尘爆炸特性、抑制机理、基于固废应用的复合粉体抑爆剂的研发等方面取得的一些成果完成本书。

本书共 8 章。第 1 章为绪论，介绍本书的研究背景、国内外研究现状等。第 2 章为粉尘爆炸及抑爆理论。第 3~6 章分别对铝粉尘、铝镁合金粉尘、铁粉尘及钛粉尘爆炸特性、爆炸机理及抑制机理进行研究，从爆炸火焰传播特性、爆炸压力演变规律、爆炸机理和抑制机理等方面，对典型金属粉尘进行多角度分析研究。第 7 章为改性氢氧化镁对铝镁合金粉尘爆炸的抑制研究，采用偶联剂 KH-550 (γ-氨丙基三乙氧基硅烷)对其进行表面改性，分析改性抑爆粉体对铝镁合金粉尘爆炸的抑制效果。第 8 章以天然多孔材料为载体，以碳酸氢钠、磷酸二氢钾等化学活性粉体作为负载颗粒，制备出具有物理与化学高效协同抑爆效应的新型复合粉体抑爆剂，研究并揭示新型复合粉体抑制铝粉尘及铝硅合金粉尘爆炸的抑制效果及机理。

本书在编写过程中得到了张延松教授的指导和帮助，硕士研究生王俊峰、马雪松、肖琴、颜轲、王政、刘吉庆、王志峰、杨盼盼等也做了大量的工作，付出了艰辛的劳动。

本书在编写过程中参考了国内外众多学者的相关研究成果，在书中也进行了标注并列出了参考文献，但仍可能有所疏漏，请学者谅解。此外，由于作者能力和精力的局限，本书难免存在疏漏之处，请各位读者、同行专家批评指正。

　　本书有幸得到博士后优秀学术专著出版资助，科学出版社也给予了大力支持，在此一并表示感谢。

孟祥豹
2021 年 7 月

目　录

第1章 绪 论

1.1 粉尘爆炸原理及特点

随着科学发展与技术的进步,粉体技术的应用越来越广泛,并不断趋于成熟。它能够被广泛应用最重要的原因在于粉体本身具有优良的性质。

(1)粉尘粒径小,使原料或产品的分离更加方便迅速,有利于有用成分的提取。

(2)粉尘的流动性强,反应过程中对于反应进出料的用量能够精确掌握,并且在后续过程中逐渐形成规范。

(3)比起其他形态的材料,粉体的比表面积更小,这一特点使物质的溶解性与反应活性增大,进而加快反应速率。

(4)粉体的分散性、混合性更好,材料的组成与构造便于控制。

以上粉体的特点进一步说明了在工业生产过程中应用粉末的必要性。但生产过程中却难以避免产生粉尘,如果这些粉尘清理不及时便会形成粉尘云,一旦遇到足够的能量就有可能发生粉尘爆炸,这将会对生产装置与人员造成不可逆转的损害。

近年来,我国频繁发生粉尘爆炸事故,这足以引起人们的深刻反思。一方面粉尘爆炸频率高,另一方面感应期长,粉尘破坏性强。当粉尘发生爆炸时,原始沉积或积聚的粉尘很容易扬起,引起两次爆炸、三次爆炸甚至更多的爆炸,极大增强了破坏力。因此,我们需要对粉尘爆炸特点、粉尘爆炸影响因素与相关参数做深入研究,这将对抑制粉尘爆炸有重要意义。

在金属加工制造行业打磨、切割等工序中,火花的温度能达到上千度,而产生的粉尘通常在360~600℃就能够被点燃。所以金属加工制造行业相对其他行业来说,具有更大的爆炸危险性,需要重点关注由金属粉尘引起的爆炸事故。

现有的抑爆技术一般是预先在可燃粉尘中加入惰性粉体或气体,来降低可燃粉尘或氧气的浓度,使其难以达到爆燃条件。惰性粉体抑制可燃粉尘爆炸的效果与惰性粉体本身的性质有直接联系。有关粉尘爆炸及其抑爆研究,煤炭行业早有开展,如在煤炭开采工程中,在井下撒播岩粉与产生的煤尘掺混形成不具爆炸性的混合粉尘,达到惰化煤尘的作用。

粉尘(dust)是一种固体颗粒,且悬浮在空气中。关于粉尘的准确定义,不同国家并不相同。根据英国标准《Glossary of Terms relating to particle technology》(B.S. 2955:1958),将粒径 $d_p < 1000\mu m$ 的粒子叫作粉末,$d_p < 76\mu m$ 的粒子叫作粉尘;

而美国消防协会 NFPA 68 标准将粉尘定义为粒径小于 420μm 的粒子。

《粉尘防爆术语》(GB/T 15604—2008)中对粉尘爆炸定义为：粉尘爆炸指火焰在粉尘云中传播，引起压力、温度明显跃升的现象。一些较大尺寸的粉尘燃烧速度很低甚至不具备燃烧性，但随着其尺寸不断减小，比表面积不断增大，会使其与空气的接触面积不断增大，燃烧变得越来越剧烈。以下几个方面是粉尘爆炸发生的必要条件。

(1)粉尘必须可燃。如粮食粉尘、金属粉尘等，可燃粉尘能与空气中的氧气发生氧化反应。

(2)粉尘浓度达到一定范围。具有爆炸危险性的粉尘只有达到某一浓度范围时才会发生爆炸，这个范围被称为可燃界限。该范围内的最低浓度叫作爆炸下限，最高浓度叫作爆炸上限。

(3)粉尘爆炸需要一定的起始能量。如电弧、火焰、火花和机械碰撞等。

1.1.1　粉尘爆炸的原理

气相点火机理与表面非均相点火机理是目前被广泛认可的粉尘爆炸机理。

根据粉尘的气相点火机理，可燃粉尘以气体形式爆炸。粉尘颗粒通过热传导、热对流和热辐射吸收能量，然后发生气化或分解反应，释放可燃气体。可燃气体与空气中的氧气混合，经点火源点燃后迅速反应，向周围颗粒释放能量，引起爆炸。

粉尘表面非均相点火机理与物质表面燃烧机理相似。粉尘颗粒直接与空气中的氧化剂反应形成氧化层，氧气通过氧化层扩散到颗粒表面，引发进一步的燃烧反应。目前，学术界普遍认为，对于粒径大于 100μm、升温速率小于 100℃/s 的大颗粒，气相点火是主要方法，对于粒径较小、反应速度较快的小颗粒，表面非均相点火是主要方法。

1.1.2　粉尘爆炸的特点

粉尘混合物的爆炸有以下特点。

(1)相对于气体爆炸，粉尘混合物的爆炸压力上升慢、下降速度也很缓慢，较高压力持续时间长，释放的能量大，因此产生的爆炸破坏性更大。

(2)粉尘混合物爆炸时，不同于气体与蒸汽混合物，可能燃烧并不完全。

(3)有可能发生二次爆炸。粉尘第一次爆炸时，会产生空气巨浪，空气巨浪将积聚的粉尘扬起，并将扬起的粉尘充分混合，形成新的混合物，当达到爆炸极限时，会再次爆炸。粉尘的连续爆炸将造成极其严重的破坏。

(4)粉尘爆炸比气体爆炸需要更多的着火能量。这是因为粉尘对点火源的敏感性较差。当着火能量较小时，传热率较低，粉尘由于没有足够的能量促进其燃烧而停止燃烧，不会爆炸。因此，粉尘爆炸的起爆时间较长，爆炸过程较为复杂。

(5)粉尘爆炸比气体爆炸更复杂，因为粉尘的爆炸过程比气体的爆炸过程要长得多。

1.2 粉尘抑爆技术及措施

粉尘爆炸一旦发生，产生的压力以及火焰的传播不仅会破坏生产设备和建筑物，还会造成人员伤亡。安全技术的任务是防止和限制这种事故。抑爆技术是在粉尘爆炸发生前，采取措施避免爆炸条件同时产生，以防止粉尘爆炸的发生。这种避免事故发生的措施属于预防性措施。

为了防止粉尘爆炸，人们常采用气体抑爆和粉体抑爆这两种抑爆技术。气体抑爆技术是指将氮气、卤代烃、热风炉尾气等惰性气体充入存在可燃粉尘的环境中，以使环境中的含氧量降低，从而防止或降低粉尘爆炸的发生，此技术属于化学抑制。

粉体抑爆技术是为了防止可燃粉尘爆炸把氧化镁、碳酸钙等耐燃惰性粉体充入可燃粉尘中。抑爆剂通常分为惰性粉体抑爆剂和化学活性粉体抑爆剂两类。惰性粉体抑爆剂主要指石粉和硅粉。惰性粉体的抑制机理是吸附自由基、吸收系统中的热量和稀释反应介质的浓度。目前，关于惰性粉体抑爆剂的研究主要集中在实验研究上，包括粉体类型、粒径和浓度对抑爆效果的影响。研究表明，惰性粉体抑爆剂通过相间的热量和动量传递，能明显降低最大爆炸压力和最大爆炸压力上升速率。化学活性粉体抑爆剂常见的有磷酸二氢铵($NH_4H_2PO_4$，ABC 干粉)、碳酸氢钠($NaHCO_3$)、氢氧化铝[$Al(OH)_3$]、氯化钠($NaCl$)等，这些化学活性粉体抑爆剂会在高温下发生强烈的吸热分解反应，从而使火焰温度大幅度降低，并且这些化学活性粉体抑爆剂还会通过中和反应消耗活性中心的自由基，以中断爆炸链式反应。

现在对于粉体抑爆剂的研究主要集中在以下几个方面。

1. 无机阻燃剂的抑爆作用

无机阻燃剂是在耐高温溶液中加入无机金属氧化物，经加工而成的。其作用机理是将必需的阻燃元素物理分散到聚合物中，同时将两者充分混合，产生阻燃效果。无机阻燃剂在吸收热量、冷却反应物和隔离自由基方面发挥着重要作用。

2. 抑爆剂的纳米级细化

抑爆剂粒径越小，比表面积越大，吸收热量和自由基的能力越强，抑爆效果越好。因此，为了提高抑爆能力，可以采用物理或化学方法对抑爆剂进行纳米级细化，这不仅可以大大提高抑爆剂的抑爆性能，而且可以保持其原有的性能。

3. 抑爆剂的表面改性

抑爆剂的表面改性是指通过机械、物理等方法改变粒子的电性、光性、表面润湿性等，以满足现代工业生产的要求，通过表面改性可以改变抑爆剂粒子的粒径，提高其化学稳定性和安全性，从而达到更好的抑爆效果。

4. 抑爆剂的复配技术

复配技术是将抑爆物质按一定比例混合，然后加工成具有新的抑爆特性的混合物。该混合物能充分发挥其组分的抑爆特性，从而达到较好的抑爆效果。复配技术已广泛应用于塑料加工、化工生产和食品等领域，但在开发新型抑爆剂方面却鲜有应用。与单一抑爆剂相比，采用复配技术制作抑爆剂可以达到更好的抑爆效果，提高抑爆效率。因此，对抑爆剂复配技术的研究将是今后一个很好的研究方向。

1.3 粉尘爆炸特性及抑爆剂研究基础

1.3.1 粉尘爆炸特性

近年来，随着对安全生产的高度重视，国内外学者对于粉尘爆炸及抑制粉尘爆炸的研究逐渐增多。

周树南和汪佩兰[1]发明了一种基于电压和电的实验着火能量装置。李新光等[2]分析比较了 20L 球形爆炸罐实验装置、粉尘云最小着火能测试系统和振动筛落管三种除尘装置对最小着火能量的影响。

对于粉尘的最小着火能量，Randeberg 和 Eckhoff[3]进行了研究，结果表明少数敏感粉尘的最小着火能量接近 1mJ，只有极个别种类的粉尘低于 1mJ。Choi 等[4]研究了静电火花引燃涂料铝粉的可能性，结果表明涂层中铝粉的最小着火能量约为 1mJ。Choi 等[5]分别在振动式最小着火能测试系统中测定并比较了石松子粉尘和聚丙烯腈粉尘的最小着火能量。此外，徐文庆等[6]利用 20L 球形爆炸罐实验装置研究了粉尘粒径、着火能量和质量浓度对甘薯粉尘爆炸的影响。蒯念生等[7]利用 20L 球形爆炸罐实验装置研究了不同着火能量对碳质粉尘和典型轻金属粉尘爆炸行为的影响，对比分析得出，碳质粉尘爆炸机理是一种挥发性物质剧烈燃烧，而典型轻金属粉尘的爆炸机理主要是表面非均相反应。对于碳质粉尘，尤其是挥发性较低的粉尘，着火能量对爆炸严重程度的影响远大于典型轻金属粉尘。

对于粉尘层最低着火温度，Janes 等[8]通过一系列实验测定了不同粉尘的自燃温度和点火温度，并使用相关的数学模型分析了实验数据，建立了两者关系的数学模型。文虎等[9]用 HY16429 粉尘云引燃温度试验装置测量了五种不同类型的彩色玉米粉在不同喷水压力和质量浓度下的最低着火温度，结果表明玉米粉中的色素可以降低玉米粉的着火和爆炸危险。Querol 等[10]的实验结果表明，热板上的粉尘着火温度接近于自然堆积状态下加入加热体的粉尘着火温度。赵江平和东淑[11]使用标准 Godbert-Greenwald 恒温炉和热板实验装置系统研究了桑木粉尘粒径、粉尘云浓度、喷粉压力、堆积厚度对粉尘最低着火温度的影响，并比较了粉尘云最低点火温度和粉尘层最低点火温度。杜志明[12]利用粉尘层着火温度测定装置测出了不同粉尘层状态下红松锯末的着火温度，并计算了它们的表观活化能。

对于最大爆炸压力和最大爆炸压力上升速率测定，汪佩兰等[13]研究了含能材料及制造业中伴生粉尘的点火延迟、粒径分布和浓度对粉尘爆炸压力和压力变化速率的影响。除此之外，喻健良等[14]利用安装了压力测试仪器的粉尘云最小着火能测试系统，比较分析了微米铝粉和纳米铝粉在爆炸特性方面的不同。范健强等[15]利用 20L 球形爆炸罐实验装置进行了正交和单因素实验，系统研究了硫磺粉尘的粒径分布、最小着火能量和质量浓度对其最大爆炸压力和最大爆炸压力上升速率的影响，并使用 SPSS 软件对测试数据进行处理和分析，通过回归模型比较，最终得出这三个因素的影响程度排序为：粉尘质量浓度＞最小着火能量＞粒径分布。郑秋雨等[16]将粉尘云最小着火测试系统装载在德国进口 Omar 系列压力传感器上作为实验装置，测定不同质量浓度的玉米淀粉和镁粉在相同大气条件下的最大爆炸压力和响应时间，并分析其影响因素。

1.3.2 粉尘爆炸抑爆剂

近年来，国内学者在抑制粉尘爆炸方面的研究并不是很多，但从所发表的文献数量来看，相关学者对抑制粉尘爆炸的研究正在不断加强和深入。如王琼慧[17]通过 20L 球形爆炸罐实验装置测试了不同质量浓度、粒径和着火能量对糖粉爆炸的影响，此外还研究了氯化钠对其爆炸的抑制效果；喻源等[18]用 20L 球形爆炸罐实验装置研究了橡胶粉尘的爆炸特性，并探究了添加不同种类的惰性粉体对橡胶粉尘的抑爆效果。

裴蓓等[19]从火焰形态结构、火焰传播速度和爆炸超压方面研究了 CO_2-超细水雾形成的气液两相介质对 9.5%瓦斯/煤尘复合材料爆炸的抑制效果，结果表明随着 CO_2 体积分数和超细水雾质量浓度的增加，爆炸火焰的最大扩散速率和爆炸压力峰值显著降低，火焰到达泄爆口的时间显著延长，并且如果 CO_2 的体积分数为 18%以及超细水雾的质量浓度大于 347.2g/m³ 时复合材料无法被点燃；如果 CO_2 的体积分数达到 14%且与超细水雾共同抑爆时，瓦斯/煤尘复合系统爆炸超压的"震荡平台"消失，同时火焰结构呈"整体孔隙化"。李凯[20]用惰化法分别测试了碳酸氢钠、氢氧化铝、氢氧化镁对彩跑粉的惰化效果，结果表明碳酸氢钠的惰化效果大于氢氧化铝和氢氧化镁。

任一丹等[21]利用20L球形爆炸罐实验装置研究了分别添加不同比例磷酸二氢铵、氢氧化铝和碳酸钙($CaCO_3$)条件下的抑制效果和抑制机理，结果表明碳酸钙仅靠物理吸热来抑制爆炸的发生，其抑爆效果要远低于不仅可靠物理吸热还可靠化学分解来抑爆的磷酸二氢铵和氢氧化铝，此外，磷酸二氢铵与碳酸钙两者配比后的抑爆效果要比单一化学剂效果更好，而碳酸钙与氢氧化铝配比并未有该效果。

许红利[22]利用自主研发的粉尘爆炸抑制实验系统和中高速粒子图像测定系统（PIV 系统）研究了不同障碍物及不同喷水压力条件下产生的超细水雾对粉尘爆炸的影响，结果表明障碍物的存在在一定程度上增强了粉尘爆炸的强度，障碍物的形状、安装位置和数量是影响粉尘爆炸强度的关键因素，且障碍物会在一定程度上影响超细水雾对粉尘爆炸的抑制效果。王燕等[23]以赤泥为载体，碳酸氢钾为负载抑爆剂，利用 20L 球形爆炸罐实验装置和 5L 石英玻璃管道实验系统测定了碳酸氢钾/赤泥复合粉体抑爆剂对 9.5%CH_4 爆炸的抑制效果，结果表明碳酸氢钾/赤泥复合粉体抑爆剂的抑爆效果明显优于纯碳酸氢钾粉体或纯赤泥粉体，碳酸氢钾的负载量对碳酸氢钾/赤泥复合粉体抑爆剂的抑爆效果有显著的影响。陈曦等[24]利用哈特曼实验装置研究了相同比例不同粒径大小的碳酸氢钠粉体对粉尘爆炸和火焰传播的抑制效果，结果表明不同粒径大小的碳酸氢钠粉体对铝粉爆炸有抑制效果。不同粒径大小的碳酸氢钠粉体在火焰传播过程中引起火焰结构发生变化，使预热区域减小，与此同时，火焰传播速度和火焰温度明显降低。

国外对可燃粉尘抑爆方面的研究主要涉及抑制方式和抑制机理。如 Saeed 等[25]利用 1m^3 容器对两个小于 500mm 的玉米芯和花生壳进行测试，并将它们与两个煤粉样品进行比较，最终得出玉米芯和花生壳的湍流火焰速度和爆炸指数要小于煤粉；Lee 等[26]采用本生型实验装置，研究了微米惰性颗粒对不同当量比和反应物温度的甲烷-空气预混物层流燃烧速度的影响；Oleszczak 和 Klemens[27]通过建立水雾系统对粉尘爆炸抑制效果的数学模型，研究了水雾对爆炸抑制效果的影响；Gieras 和 Klemens[28]利用自主设计的实验装置研究了不同触发方式下，水雾对粉尘爆炸的抑制效果，结果表明整体上主动式抑爆要好于被动式抑爆，同时还研究了起始压力、粉体分散度、抑爆器数量及布置方式等参数对抑爆效果的影响。

第2章 粉尘爆炸及抑爆理论

2.1 粉尘爆炸理论

2.1.1 粉尘爆炸的概念及条件

粉尘爆炸是现代社会生产需要的粉末产品过程中最危险的因素。粉尘爆炸一般发生在面粉厂、纺织厂、硫磺厂、金属粉末加工厂、糖厂、煤矿等存在可燃粉尘的工厂。粉尘爆炸一直威胁着众多涉及易燃粉体制备、使用和处理的行业。粉尘爆炸事故通常会造成严重的人员伤亡及财产损失,甚至导致灾难性的后果。目前安全生产的重要内容就是对生产过程中粉尘爆炸的特点进行研究,并采取相应措施预防其发生。

粉尘爆炸是指可燃粉尘在受限空间内与空气充分混合形成粉尘云,在点火源的作用下迅速形成粉尘-空气混合物并燃烧,引起温度和压力突然升高的化学反应。粉尘爆炸发生在以下情况。

(1)具有可燃性或者爆炸性的粉尘。

(2)可燃粉尘颗粒足够小且达到合适的浓度。粉尘粒径能够影响固体物料在空气中是否具有足够的分散度。能引起爆炸的浓度最高和最低界限称为爆炸上限和下限。上下限之间的范围称为爆炸极限。因为爆炸上下限相差几十倍,而浓度很难达到上限,所以爆炸下限是粉尘爆炸的危险性依据。

(3)有足以引起粉尘爆炸的热能源,即火源。粉尘爆炸所需的火源能量比气体爆炸所需的火源能量大一到两个数量级,粉尘的最小着火能量一般在 5~50mJ。常见的点火源有机械碰撞、高压静电、火柴、引燃物等。正常情况下,引起粉尘爆炸的火源有明火气体火焰、电火花、静电火花、燃烧炉等,摩擦热,自燃、化学反应等。

(4)有合适浓度的助燃气体。通常爆炸都离不开氧气或空气作为助燃气体,而氧气的浓度实际上与可燃粉尘浓度相对应,过高或过低都不能发生爆炸。

(5)粉尘处于密封空间。

以上就是粉尘爆炸的五个必需条件,只要其中任意一个不能实现就足以抑制粉尘爆炸。

2.1.2　粉尘爆炸的特点

(1) 引起多次爆炸是粉尘爆炸的最大特点。

(2) 粉尘爆炸所需的最小着火能量较高，通常高于几十毫焦耳。

(3) 与可燃气体爆炸相比，粉尘爆炸压力上升缓慢，压力高，持续时间长，释放能量大，破坏力强。

2.1.3　粉尘爆炸的原理

一般来说，易发生爆炸事故的粉尘一般包括铝粉、锌粉、镁粉、铁粉、各种塑料粉、有机合成药物中间体、小麦粉、糖、锯末、烟草粉、煤尘、植物纤维粉尘等，这些粉尘含有 H、C、N、S 等强还原剂元素，当它们与过氧化物和爆炸性粉尘共存时，会分解，产生大量气体并释放大量燃烧热。表 2-1 将上述粉尘按照特性进行分类。

表 2-1　爆炸性粉尘的分级、分组

类别		T_{1-1} ($T>270℃$)	T_{1-2} ($270℃\geqslant T>200℃$)	T_{1-3} ($200℃\geqslant T>140℃$)
ⅢA	非导电性易燃纤维	木棉纤维、烟草、纸纤维、亚硫酸盐纤维、人造毛短纤维	木炭纤维	
	非导电性爆炸性粉尘	小麦、玉米、糖、橡胶、染料、聚乙烯、苯酚树脂	可可、米糠	
ⅢB	导电性爆炸性粉尘	镁、铝、铝青铜、锌、炭黑、钛	铝(含油)铁、煤	
	火药、炸药粉尘		黑火药、TNT(三硝基甲苯)	硝化棉、黑索金

注：T_{1-1}、T_{1-2}、T_{1-3} 为组别；T 为引燃温度。

粉尘的物理、化学性质和环境条件是影响粉尘爆炸难易程度的主要因素。

按粉尘颗粒点火角度来分析，粉尘的爆炸机理主要分为气相点火机理和表面非均相点火机理。

1. 气相点火机理

在外热源的作用下，粉尘颗粒从外界获得能量，使表面温度迅速升高。当温度达到一定值时，颗粒发生热分解，沉淀出挥发性气体。挥发性气体与空气混合形成爆炸性气体混合物，然后发生气相反应，形成火焰，释放化学反应热；进一步促使附近的粉尘颗粒升温，热分解，不断释放可燃气体和空气混合，使火焰扩大。

2. 表面非均相点火机理

表面非均相点火机理认为，氧气与颗粒表面直接发生反应使颗粒表面着火；接着挥发分在粉尘颗粒周围形成气相层，阻止氧气向颗粒表面扩散；最后挥发分着火并促使粉尘颗粒重新燃烧。因此，氧分子必须通过扩散作用到达颗粒表面，并吸附在颗粒表面发生氧化反应，然后反应产物离开颗粒表面扩散到周围环境中。

一般来说，粉尘爆炸过程如图 2-1 所示。

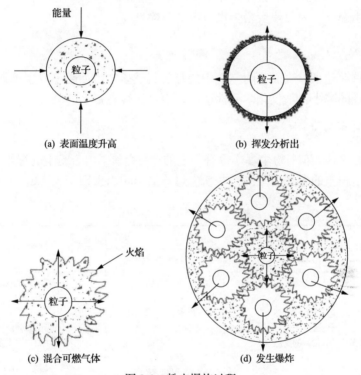

图 2-1　粉尘爆炸过程

粉尘爆炸时，在空气中扩散的粉尘颗粒快速化学氧化导致能量快速释放，系统温度迅速上升，压力随之增加。在高温条件下周围气体受热膨胀，产生较大的压力。若在密闭空间里进行，便产生了粉尘爆炸。由图 2-1 可以看出，首先外界向粉尘提供能量，粉尘通过热辐射来吸收热量使表面温度升高，直到达到粉尘颗粒的蒸发温度或高达其分解温度，粉尘挥发分析出和周围存在的助燃气体形成混合可燃气体，此时当外界能量能够达到引起混合可燃气体爆炸时，会发生爆炸。燃烧释放的热量促使更多颗粒产生混合可燃气体，使爆炸持续下去。堆积的粉尘表面很难与空气充分接触，所以很难发生爆炸，但如果空气中悬浮的可燃粉尘发生了爆炸，初次爆炸产生的冲击波就会扬起堆积在地上的粉尘，形成二次扬尘，将其引燃后发生二次爆炸。

2.1.4　影响粉尘爆炸的因素

1. 物理化学性质

物质的燃烧热越大，则其粉尘的爆炸危险性也越大，如煤、碳、硫的粉尘等；越易氧化的物质，其粉尘越易爆炸，如镁、氧化亚铁、染料等；越易带电的粉尘越易引起爆炸。粉尘爆炸还与其所含挥发分有关。如煤粉中当挥发分低于 10%时，就不再发生爆炸，因而焦炭粉尘没有爆炸危险性。

2. 颗粒大小

粉尘颗粒越小，表面吸附空气中的氧气就越多，因而越易发生爆炸。随着粉尘颗粒直径的减小，不仅化学活性增加，而且还容易带上静电。

3. 粉尘的浓度

与可燃气体相似，粉尘爆炸也有一定的浓度范围。由于粉尘的爆炸上限较高，一般只列出粉尘的爆炸下限。一些粉尘爆炸的影响因素列于表 2-2。

表 2-2　粉尘爆炸的影响因素

粉尘自身		外部条件
化学因素	物理因素	
燃烧热 燃烧速度 与水汽及二氧化碳的反应性	粉尘浓度 粒径分布 粒子形状 比热容及热导率 表面状态 带电性 粒子凝聚特性	气流运动状态 氧气浓度 温度 可燃气体浓度 阻燃性粉尘浓度及灰分 点火源状态与能量 窒息气浓度

在有机粉尘爆炸中，颗粒经历燃烧过程，如颗粒受热分解、气化、与氧化剂混合、点火、燃烧和火焰熄灭，这些过程受许多因素的控制。在所有影响因素中，粒子的物理和化学性质，特别是热特性，是必不可少的。粉尘含湿量体现为粉尘表面及粒子之间的干燥程度，受周围环境湿度影响较大。含湿量越大，粉尘粒子间液桥力越大，直接影响粉尘云的有效分散、点火及爆炸过程中的传热与传质；氧气是粉尘爆炸发生的五个基本要素之一，随着反应的持续进行，密闭空间内的氧气含量将最终影响粉尘的爆炸压力及爆炸压力上升速率等爆炸参数；密闭空间内惰性组分浓度越大，必然影响单位体积的氧气含量，进而影响粉尘云点燃的难

易程度和爆炸后火焰的传播及能量的释放；若挥发分含量越多，则粉尘粒子越易热解挥发，那么粉尘云的燃烧更趋近于气体燃烧，点火相对更容易，燃烧反应速率更快；可燃粉尘的粒径越小，则比表面积越大，与氧气接触的面积越大，使爆炸反应速率越快；若粉尘粒径减小到纳米尺度时，其较高的表面活性可使粉尘粒子出现团聚效应，影响粉尘爆炸强度。

2.1.5　粉尘爆炸的特性参数

粉尘爆炸的特性参数可以分为粉尘爆炸的敏感性参数和效应参数。粉尘发生爆炸反应的难易程度是由敏感性参数决定的，参数值越小，越容易发生爆炸；效应参数代表粉尘发生爆炸的猛烈程度，参数值越大，粉尘爆炸的破坏性越强。部分粉尘爆炸的特性参数列于表 2-3。

表 2-3　部分粉尘爆炸的特性参数

物质名称	爆炸下限/(g/m³)	最大爆炸压力/(10^5Pa)	自燃点/℃	最小着火能量/mJ
镁	20	5.0	520	80
铝	35～40	6.2	645	20
铝镁合金	50	4.3	535	80
钛	45	3.1	460	120
铁	120	2.5	316	100
锌	500	6.9	860	900
煤	35～45	3.2	610	40
硫	35	2.9	190	15
玉米	45	5.0	470	40
黄豆	35	4.6	560	100
花生壳	85	2.9	570	370
砂糖	19	3.9	410～525	30
小麦	9.7～60	4.1～6.6	380～470	50～160
木粉	12.6～25	7.7	225～430	20
软木	30～35	7.0	815	45
纸浆	60	4.2	480	80
苯酚-甲醛树脂	25	7.4	500	10
脲醛树脂	90	4.2	470	80
环氧树脂	20	6.0	540	15
聚乙烯树脂	30	6.0	410	10

续表

物质名称	爆炸下限/(g/m³)	最大爆炸压力/(10^5Pa)	自燃点/℃	最小着火能量/mJ
聚丙烯树脂	20	5.3	420	30
聚苯乙烯制品	15	5.4	560	40
聚醋酸乙烯树脂	40	4.8	550	160
硬脂酸铝	15	4.3	400	15

粉尘爆炸的敏感性参数包括爆炸下限、最小着火能量、粉尘云及粉尘层最低着火温度等。粉尘爆炸的效应参数包括最大爆炸压力、最大爆炸压力上升速率和爆炸指数等。

(1)最小着火能量(MIE),是常温常压下能够点燃可燃粉尘云并维持燃烧的最小火花能量。它是表征粉尘能够发生爆炸难易程度的能量参数。它对于粉尘处理装置的危险评估,了解粉尘云的最小着火能量是必不可少的。

(2)最低着火温度(MIT),是热表面的最低温度,它会导致粉尘云点燃和传播火焰。重要的是要知道实际的最低着火温度,并采取适当的预防措施,以确保爆炸性粉尘云区域的热表面温度不会高于这个值。

(3)最低可爆浓度(MEC),也称作爆炸下限,是可燃粉尘和空气的混合物在有限空间内能够发生爆炸的最低浓度。如果粉尘浓度太高,则颗粒的猝灭效应将阻止爆炸传播。通常工业可燃粉尘的 MEC 介于 20~60g/m³。

(4)最大爆炸压力(P_{max}),一般是在密闭的爆炸装置中,通过开展多种粉尘浓度的爆炸实验,确定爆炸压力的最大值,是一个强度指标,同时也是工业防爆设计中减缓爆炸的重要参数。

(5)最大爆炸压力上升速率$[(dP/dt)_{max}]$,一般是在密闭的 20L 标准爆炸装置中,通过开展多种粉尘浓度的爆炸实验,确定爆炸压力上升速率的最大值,即爆炸压力随时间变化曲线的最大斜率,表征密闭空间内粉尘爆炸发展的快慢。

(6)爆炸指数(K_{st}),是由密闭条件下最大爆炸压力上升速率与容器体积的 1/3 次幂的乘积所确定的常数,即 $K_{st} = (dP/dt) \cdot V^{1/3}$,其数值大小是粉尘爆炸分级指标的重要依据。根据 K_{st} 的大小,可将爆炸强度划分为 4 个等级,见表2-4。

表 2-4 K_{st} 与粉尘爆炸等级的关系

粉尘爆炸等级	K_{st}/(MPa·m/s)	爆炸强度
St0	0	无爆炸性
St1	$0 < K_{st} \leq 20$	弱
St2	$20 < K_{st} \leq 300$	强
St3	$300 < K_{st}$	严重

2.2　粉尘抑爆理论

2.2.1　粉体抑制机理

惰性粉体对于粉尘爆炸的抑制作用可以分为物理作用及化学作用，部分抑爆剂由于其自身性质具有物理作用与化学作用的协同功效。

抑爆剂的物理作用机理主要分为吸收系统内的热量和释放惰性气体两方面。抑爆剂隔绝与吸收反应体系内的热量是通过隔离可燃颗粒间热辐射、自身吸热分解、脱去结晶水等方式实现的。常见的物理抑爆剂有碳酸钙、二氧化硅、岩粉、氢氧化铝、氢氧化镁等。

抑爆剂的化学作用机理主要是通过自身的分解反应产生的活性基团代替可燃粉尘的活性基团与反应产生的 O·、OH·、H·等自由基结合，进而阻碍链式反应继续发生来取得抑爆效果。典型的化学抑爆剂有氯化钠、氯化钾等。

而以磷酸二氢铵、碳酸氢钠、磷酸二氢钙等为代表的粉体抑爆剂，既能通过分解及释放惰性气体发挥物理抑制作用，也能在分解过程中产生自由基阻断链式反应，起到化学抑制作用。此类粉体抑爆剂一般具有较好的抑爆效果。

2.2.2　粉体抑爆的影响因素

惰性粉体的自身性质、粉体粒径、惰性粉体含量及环境等是影响可燃粉尘抑爆效果的主要因素。

一般而言，物理化学抑爆剂的抑爆效果要优于物理抑爆剂和化学抑爆剂单独作用的效果。此外可燃粉尘种类的不同也会导致同类型惰性粉尘抑爆效果有所差异，因此在实际应用中，需要参考可燃粉尘的燃爆机理以及抑爆剂在可燃粉尘中的扩散效果对所用抑爆剂进行选择。

2.3　粉尘爆炸的主要危害和防范治理措施

2.3.1　主要危害

(1)粉尘爆炸波及范围广且破坏性极强。在容易产生粉尘的各类工作场所中都经常发生，且一旦发生粉尘爆炸便极易造成人员伤亡和设备损坏。

(2)粉尘爆炸容易发生多次爆炸。首次爆炸产生的冲击波将沉积在地面和设备上的粉尘吹起，并且由于爆炸中心压力的降低，更多的新鲜空气会涌入进来，从而造成粉尘与空气更好地结合，产生更恶劣的再次爆炸。

(3)产生大量的有毒气体。这些有毒气体会使人窒息而亡,对人畜的伤害性极大。

2.3.2　防范措施

抑制粉尘爆炸措施有加强通风、安装除尘设备、厂房及相关区域内严禁吸烟和明火作业等。在设备外壳设置泄压装置;按时湿式打扫车间,安装除尘设备;向具有可燃粉尘的设备内充入惰性气体和二氧化碳等来降低粉尘爆炸的可能性。

生产过程中常常通过遏制、泄放、抑制、隔离四个方面来防止爆炸的发生。实际生产过程中往往是多个防护措施混合使用的,这样可以达到更加经济有效的防范效果。

(1)遏制:当设计、生产粉体处理设备时,通过增加设备的厚度来增大设备的抗压强度,但这种方法成本较高。

(2)泄放:在正常情况下有压力泄放和无焰泄放两种。当设备的压力升高到一定程度时,设备上安装的防爆板、防爆门、无焰泄放系统会先行发生爆炸,从而达到泄压的效果,其主体设备也就不会发生爆炸。

(3)抑制:爆炸抑制主要是为了防止二次爆炸,由传感器及时监测爆炸初期的现象,再通过发射器快速喷射抑爆剂来实现。在实际生产过程中,爆炸抑制系统与爆炸隔离系统常常一起组合使用。取消爆炸三要素中的任一因素即可抑制爆炸的发生:向设备中注入惰性气体降低氧气浓度;不使用易燃易爆的物料;还有一种最可行的措施就是禁止火源。其中,禁止火源是最容易实现的一种防范措施。由监视器、传感器、发射器和电源四个部件组成的系统是最简单的爆炸抑制系统。监视器实时监测可能发生爆炸设备的各类信息,一旦有异常则提供警报等提醒相关人员;一旦有小火球产生传感器便立即向发射器传出喷射抑爆剂的指令,从而将爆炸遏制在初始发生期;电源便是起到为整个系统供电的作用,是系统运行的基础。

(4)隔离:机械隔离和化学隔离是隔离的两种方式。隔离就是利用化学药品或闸阀来阻挡爆炸的传播,从而阻止多次爆炸的发生。

在现代工业中,爆炸产生的损失和伤害是巨大的,这就要求我们在设计、生产、使用可能发生爆炸的粉体设备时,要极其重视防爆措施的实施,且在给设备做防爆措施时,不能单单考虑单个设备,要把它放在整个工业生产过程中,采用多种防爆措施组合使用的方式来抑制爆炸的发生,将各类泄放与各类隔离措施相互结合起来,从而达到更有效的防爆效果。

2.3.3　综合抑尘技术

综合抑尘技术主要包括生物纳膜抑尘技术、云雾抑尘技术和湿式收尘技术等关键技术。

生物纳膜抑尘技术是将生物纳膜喷在物料表面，该生物纳膜可以很好地吸附粉尘，使粉尘团聚为较大颗粒尘粒，从而利用自重沉降粉尘，达到除尘的目的。

云雾抑尘技术是通过高压和超声波产生 $1\sim100\mu m$ 的超细干雾喷在物料表面，与上述生物纳膜抑制技术类似，由自重沉降来消除粉尘。

湿式收尘技术是通过降低压力来吸收附着粉尘的空气，在离心力以及水与粉尘气体混合的双重作用下除尘；利用独特的叶轮等关键设计可以达到更高的除尘效率。

第3章 铝粉尘爆炸特性及爆炸机理

3.1 铝粉尘爆炸与抑爆

铝粉是一种重要的金属工业原料，在冶金、化工、建筑、制造等众多领域被广泛使用。但铝粉在生产和使用过程中容易积累和扩散，加工过程中往往伴随着高风险操作，容易发生铝粉尘爆炸事故。铝粉尘爆炸事故在世界各地频繁发生，生成的冲击波会扬起沉积的铝粉尘，从而导致二次乃至多次爆炸，造成重大人员伤亡和财产损失。为避免铝粉尘爆炸事故的发生，需要注意铝粉在存放和使用时的风险，因此，在包括制造、使用或处理铝粉尘在内的加工业中，需要准确地了解铝粉尘爆炸燃烧的机理过程。

铝粉尘爆炸燃烧过程非常复杂，涉及气-固-液三相反应，受到多种因素的影响，国内外许多专家和学者开展了对铝粉尘爆炸燃烧机理的研究和相关实验。Levitas 等[29]通过实验研究得出当粒子直径由微米级减小至纳米级时，燃烧速率加快，同时燃烧机理也由扩散控制转化成动力学控制。陈志华等[30]在湍流 K-ε 模型、铝粉燃烧模型和双流体模型等基础上，最后选择了 SIMPLE 格式进行模拟数值，然后分别研究两相流和均相流的燃烧加速原理，得到了铝粉火焰在管内燃烧过程中的参数变化情况，数值模拟结果恰好与实验结果相契合。Wang 等[31]在 20L 球形爆炸容器中，研究了铝粉在空气、氢气和氮气中的爆炸特性。在空气中，实际粒径越小，爆炸的超压会越大；氢气的增加可能让系统更接近爆炸，氢气的影响与理论粒子的直径成反比，随直径的减小影响愈发明显；氮气可以显著抑制粉尘爆炸；氮浓度越高，燃烧时间越长。范宝春等[32]在理论研究的同时还进行了大量实验，目的是研究中心点火球型密闭容器中的铝粉爆炸情况。洪滔和秦承森[33]对铝粉受热得到的热应力进行了研究，研究结果表明当铝粉颗粒升温至某种程度时，铝粉颗粒的氧化膜会裂开，再加上气流会剪切铝粉颗粒，壳体很有可能因为破裂而燃烧。

粉尘爆炸火焰的传播是粉尘云由燃烧向爆炸转变的重要阶段。因此，粉尘爆炸火焰传播及热分析动态特性的实验研究，对于掌握粉尘爆炸灾害的演变过程，研究粉尘爆炸的抑制机理具有重要的参考意义。此研究以铝粉尘的爆炸燃烧特性和热分析动力学特性为主线，通过透明大管道火焰传播实验、20L 球形爆炸罐压力测试实验和表征实验，探究不同粒径和浓度对铝粉尘爆炸火焰传播性质的影响，并对爆炸产物和热分析动力学进行研究。

铝粉尘爆炸过程中一般伴随着火焰的迅速传播，研究粉尘爆炸的火焰传播规律，对于充分探讨粉尘爆炸机理具有重要意义。本章以铝粉尘为研究对象，阐述铝粉尘燃烧爆炸时的爆炸特性与爆炸机理。

3.2　实 验 系 统

3.2.1　粉尘层最低着火温度实验系统

如图 3-1 所示，控制器、加热炉、储粉盘和热电偶等组件构成了粉尘层最低着火温度实验系统。

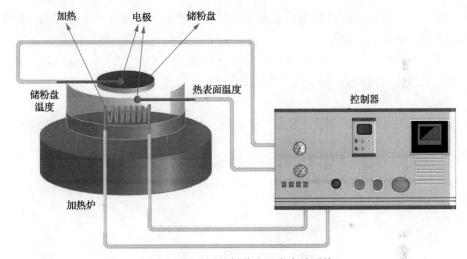

图 3-1　粉尘层最低着火温度实验系统

粉尘层最低着火温度是某一特定厚度的粉尘层在热表面被点燃时的最低温度。粉尘层着火是指实验粉尘层无火焰燃烧或有火焰燃烧；粉尘层温升达到或超过热表面温度 250℃。

实验设备为粉尘层最低着火温度实验系统，采用热电偶分别控制和记录热表面温度和储粉盘温度。

首先要将加热炉加热至某特定温度并维持一段时间，之后再把被测样品放在热板上，形成特定厚度的粉尘层（常用厚度为 5mm、12.5mm、15mm）。将热板快速加热使其升温至放置粉尘层前的温度，看粉尘层是否被点燃。假设热板被加热到 400℃ 时粉尘还没有被点燃，实验则需要被终止。

实验之前，首先要制作一层粉尘层。制作粉尘层时，注意不要用力压粉尘。在粉尘填满金属环后，使用平刮刀沿金属圈上缘刮去多余的粉尘。虽然粉尘种类不同，但是都需要用上述方法在一张已知质量的纸上做粉尘层之后再称重。实验设施应该放置在比较稳定的环境中，环境温度的上下波动不应太大。每次实验都要更换粉尘层，目的是保证实验的准确性和参数测量的一致性。如果观察到着火现象或通过温度数据判断已经着火；或者粉尘层自身加热而不着火，且粉尘层温度低于热表面的稳定值时，则实验结束。如果没有明显的自热现象在 30min 或更长时间，实验应该终止，然后取代粉尘层，增加测试的温度；如果发生着火，应该降低温度，实验继续，直到发现最低着火温度。最高不着火温度小于最低着火温度，两者之差不应大于 10℃。需要注意的是，为了保持严格性，这个验证实验应该进行三次以上。

3.2.2　粉尘云最低着火温度实验系统

粉尘云最低着火温度是当粉尘云着火时，加热炉内壁温度最低的数值。粉尘云着火时，炉底有火焰喷出。

如图 3-2 所示，该实验装置由加热炉、储粉室、电磁阀、储气室（容积为 0.5L）、高压气瓶和控制器（温度调节范围为室温至 1000℃）所构成。

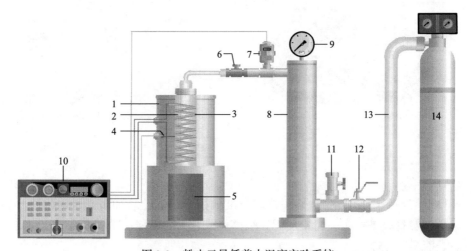

图 3-2　粉尘云最低着火温度实验系统
1.外壳；2.通道；3.加热丝；4.测温阻丝；5.储粉室；6.气阀；7.电磁阀；8.储气室；
9.压力表；10.控制器；11.放气阀；12.通气阀；13.管道；14.高压气瓶

实验步骤如下。

(1)物料准备。如有条件可以做粒径分析，以及湿度和灰分测试。

(2)打开空压机，准备注入气源。

(3)启动电源，将炉温控制在 500℃并保持该温度。

(4)将大约 300mg 的粉尘放入储粉室。

(5)启动面板上的电磁阀，将粉末喷入炉管完成实验。如果火焰在 3s 内从炉管底部喷射出来，则着火。

（6）如果没有燃烧，加热到 50℃，直到它着火。

（7）如果已经燃烧，则改变粉样质量和分散压力，在此温度下重复实验，找出火焰最明显时的分散压力和粉样质量。

（8）最后每次降温 20℃，直至十次不着火为止，之前的实验温度为粉尘云的最低着火温度。

注：如果火焰从加热炉管下端喷出，则发生火灾现象；如果只有火花而没有火焰，则不着火。

最低着火温度的测定：加热炉的最低温度根据上述方法测量。当粉尘云着火时，如果实验设置的温度高于 300℃，需要减去 20℃继续测量；如果实验设置的温度等于或低于 300℃，应该减去 10℃继续测量。

3.2.3　粉尘云最小着火能量实验系统

粉尘云最小着火能量实验系统如图 3-3 所示，它由 600mm 的半封闭的垂直玻璃管、高压喷粉系统、高速摄影机和控制系统组成。半封闭的垂直玻璃管是容积为 2.4L 顶部开口的石英管。设定喷粉压力为 0.3MPa，高压气体喷出将均匀放置在管底的粉尘粒分散。点火系统位于垂直玻璃管底部，两个电极尖端之间的距离为 6mm，点火能量设为 10J。高速摄影机的帧速率为 1000 帧/s。

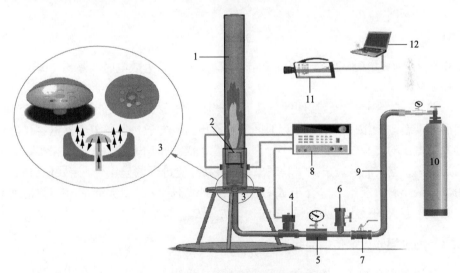

图 3-3　粉尘云最小着火能量实验系统

1.垂直玻璃管；2.点火电极；3.粉尘扩散器；4.电磁阀；5.储气罐；6.排气阀；7.进气阀；
8.控制系统；9.高压管路；10.高压气瓶；11.高速摄影机；12.计算机

粉尘云最小着火能量实验系统是模拟粉尘扩散和爆炸发生的容器，粉尘云在垂直玻璃管中被点燃发生燃烧和爆炸。同时，它也是一种观察爆炸的装置，如果结合高速摄影机，就可以记录爆炸瞬间和火焰的动态传播。它一方面用于判断是否发生爆炸，监测爆炸过程；另一方面能够有效捕捉粉尘云爆炸过程中火焰结构的瞬态演化过程，准确计算火焰传播速度，对比分析粉尘在垂直玻璃管内的火焰传播特性差异。

两个放电电极相距 6mm，电极直径为 (2.0 ± 0.5) mm，由黄铜材料制成，安装于离管道底部约 100mm 处；放电回路电感为 $1 \sim 2$mH，放电回路电阻不超过 5Ω；储能电容器为低电感类，能承受反复的脉冲电流。采用电火花作为点火源，操作方便，重复做实验可间隔时间短。

高压喷粉系统主要包括高压气瓶、电磁阀、储气罐、粉尘扩散器和连接管道。本实验系统采用堆积扬尘法，即把预先称量好的粉尘均匀平铺在垂直玻璃管底部的粉尘扩散器周围，通过预先设定好的高压气流将粉尘扬起形成分散效果较好的粉尘云，然后点火。

电容电火花的能量用式(3-1)计算：

$$E = 0.5C \cdot U^2 \tag{3-1}$$

式中，E 为电火花能量，J；C 为电容量，F；U 为充电电容的电压，V。

当电火花能量大于 100mJ 时，可采用式(3-2)计算：

$$E = \int I(t)U(t)\mathrm{d}t \tag{3-2}$$

式中，$I(t)$ 为放电时实际测得的电火花电流，A；$U(t)$ 为放电时实际测得的电火花电压，V。

首先，在给定粉尘云浓度的条件下，设定一个可靠的点火能量用来引燃粉尘，然后改变粉尘云浓度、点火延迟时间和喷雾压力，并通过调整电容器电容和电容器充电电压对点火能量进行减半处理。连续十次测试均未发生火灾。在实际的实验过程中，点火能量应根据实验现象、结果和经验进行调整，不一定要依次减半。粉尘云最小着火能量 $E_{\min}$ 介于 E_a(连续十次测试不着火的最大能量)和 E_b(连续十次测试不着火的最小着火能量)之间，即 $E_a < E_{\min} < E_b$。

3.2.4 粉尘爆炸火焰传播实验系统

利用亚克力材料，作者自行设计制造了一种用于研究粉尘爆炸火焰传播状态的透明管道实验系统，实验过程中可以实现对火焰状态的追踪，进而研究火焰和压力的状态变化，可以更好地探究粉尘爆炸的传播规律。如图 3-4 所示，该实验系统包括喷粉系统、点火系统、数据采集系统、高速摄影机、透明管道系统等，管道壁布置有温度传感器和压力传感器。管道组件为带法兰的透明管道，厚度为 10mm，内径为 15cm，外径为 17cm，段长为 0.5m，分 6 段，共长 3m。进行粉尘爆炸火焰传播实验时，将粉尘置于储粉仓中，打开高压气瓶将储气罐充压，设置点火延时为 30ms，设置点火能量为 100J，最后控制系统自动控制电磁阀打开。高压气体从管道一侧喷入，使粉尘在管道中形成均匀粉尘云，点火系统自动点火，引爆管道中的粉尘云，同时利用高速摄影机记录火焰在透明管道中的传播过程。

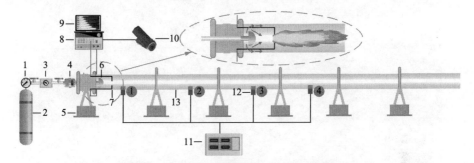

图 3-4　粉尘爆炸透明水平管道火焰传播装置

1.压力表；2.高压气瓶；3.压力表；4.电磁阀；5.支撑架；6.喷嘴；7.电极；8.控制器；
9.计算机；10.高速摄影机；11.收集器；12.测温；13.管道

1. 透明管道系统

如图 3-5 所示，管道壁布置了温度传感器和压力传感器，每段分别布置一个。每段管道两端由亚克力材料的支撑架支撑。管道底部距地面 20cm。管道法兰连接处由橡胶连接。

图 3-5　透明管道系统

2. 喷粉系统

如图 3-6 所示，喷粉系统主要由压缩空气瓶、压力表、电磁阀、储粉仓、储气罐、分散式喷嘴组成。喷粉系统通过管路和法兰与透明管道系统连接。当进行粉尘爆炸火焰传播实验时，将目标粉体置于储粉仓中，打开储气罐进气开关，储粉仓前端的电磁阀打开，将压缩空气充入储粉仓直至储粉仓压力达到额定喷粉压力停止进气。当点火动作触发时，控制开关打开，将携带粉体的高压空气，通过分散式喷嘴喷入罐体，形成悬浮颗粒云状态，同时完成喷粉过程。

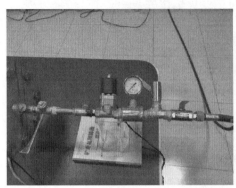

图 3-6　喷粉系统

3. 点火系统

如图 3-7 所示，点火系统由点火电极、点火能量发生器组成。点火系统通过点火导线与透明管道系统连接。

图 3-7　点火系统

4. 数据采集系统

如图 3-8 所示，实验所用测试系统采用 PXI-50612 动态信号综合测试系统，压力传感器采用 CYG 系列固态压阻压力传感器。

图 3-8　数据采集系统

5. 高速摄影机

采用 Photron®V341 高速摄影机(图 3-9)拍摄粉尘云火焰传播过程，满足记录粉尘爆炸瞬时传播过程的要求，保证了记录图像的准确性。

图 3-9　高速摄影机

3.2.5　20L 球形爆炸罐实验系统

如图 3-10 所示，该系统用于测试大气压力下悬浮在空气中的爆炸性粉尘云的最大爆炸压力、最大爆炸压力上升速率和爆炸下限浓度。系统主要由 20L 球形爆炸罐、真空泵、KZQ-220L 爆炸特性测试系统、计算机、压力传感器、电磁阀及其管路和线路组成。测试时在爆炸罐内利用高压气体将粉尘喷出，形成悬浮粉尘云，通过化学点火药头点燃粉尘云，并发生爆炸，并由压力传感器实时采集爆炸过程的压力信号，整个过程由爆炸控制器自动控制和记录。实验数据的判定应按《粉尘云爆炸下限浓度测定方法》(GB/T 16425—1996)及《粉尘云最大爆炸压力和最大压力上升速率测定方法》(GB/T 16426—1996)以及其他相关标准。

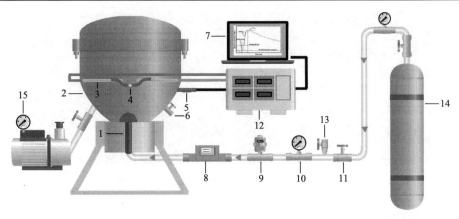

图 3-10 20L 球形爆炸罐实验系统

1.粉尘扩散器；2. 20L 球形爆炸罐；3.点火电极；4.化学点火药头；5.压力传感器；6.排气阀；7.计算机；
8.储尘室；9.电磁阀；10.储气罐；11.进气阀；12.控制器；13.排气阀；14.高压气瓶；15.真空泵

实验时，首先将化学点火药头通过导线连接到爆炸罐中心位置的点火电极上。化学点火药头是由锆粉、过氧化钡、硝酸钡按照 4∶3∶3 的比例配制而成。为了防止过高的点火强度可能过度驱动 20L 球形爆炸罐，实验采用一定质量的化学点火药头。然后，将预先称好的粉尘样品放入储尘室中，用高压气瓶对储气罐进行加压，用真空泵对爆炸罐进行抽真空处理，确保粉尘点燃时爆炸罐处于标准大气压下。最后，通过计算机控制，启动压力记录仪，打开电磁阀后，粉尘样品通过高压空气经粉尘扩散器分散到 20L 球形爆炸罐中，形成一定浓度的粉尘云，在延时 60ms 后，化学点火药头将粉尘云引燃，计算机采集压力数据(表压压力)。每次实验后，收集爆炸后产物，并对爆炸罐进行彻底清扫，避免对下次实验数据造成干扰。

20L 球形爆炸罐实验系统的具体实验步骤如下。

(1)检查设备，确保每次实验前彻底清洁。

(2)将化学点火药头缠绕固定在点火电极上，随后将 20L 球形爆炸罐密闭。

(3)向储尘室内放入已称重的粉尘，打开进气阀，将储气罐加压至 2MPa，利用真空泵将爆炸罐预抽真空至−0.06MPa。

(4)开启爆炸控制器，操作计算机控制电磁阀开启，储气罐内的高压气体将储尘室的粉尘均匀分散到整个罐体空间，在预定的点火延迟(60ms)后，化学点火药头引爆粉尘云，用压力传感器和数据采集系统采集爆炸罐内的压力动态。

(5)对采样结果进行分析、计算，完成实验。在每次实验后都要彻底清扫储尘室和爆炸罐。

3.3　铝粉尘爆炸火焰特性

3.3.1　铝粉尘材料及表征

实验所需铝粉尘购自南宫市特雷克金属制品有限公司，采用 Mastersizer 2000 激光粒度分析仪测定铝粉尘粒径分布，三种铝粉尘的中位粒径分别约为 10μm、30μm、50μm(图 3-11)。采用扫描电子显微镜(scanning electron microscope, SEM)(仪器为 Thermo Scientific Apreo, FEI 公司生产的)对铝粉尘的表面微观形貌进行观察，SEM 图像显示大多数铝颗粒是球形的，还有一些小尺寸的颗粒附着在球体上。

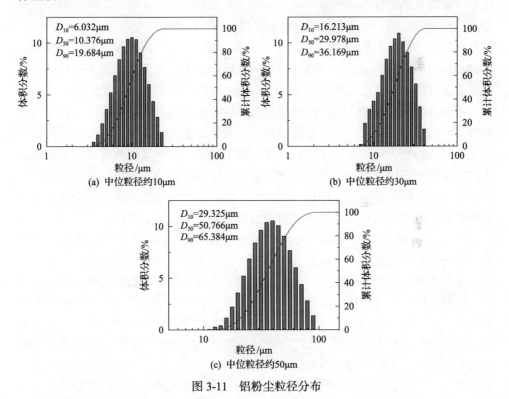

图 3-11　铝粉尘粒径分布

3.3.2　铝粉尘爆炸火焰传播实验及分析

在透明管道实验装置中，进行不同浓度的铝粉尘爆炸实验，铝粉尘云浓度分别为 200g/m³、400g/m³、600g/m³、800g/m³。通过预实验，用高速摄影机对不同粒径的铝粉尘喷出后形成均匀粉尘云的长度和时间进行记录，将铝粉尘喷出的长

度代入式(3-3)计算铝粉尘云浓度:

$$C_1 = \frac{m}{l \times \frac{1}{2} \times \pi \times \left(\frac{\Phi}{2}\right)^2} \qquad (3\text{-}3)$$

式中:C_1 为粉尘云浓度,g/m³;m 为粉尘质量,g;l 为喷粉长度,m;Φ 为透明管道直径,m。

图 3-12 是用高速摄影机拍摄的在透明管道中不同粒径和浓度的铝粉尘爆炸火焰传播时间序列图,铝粉尘粒径分别为 10μm、30μm、50μm,粉尘云浓度分别为 200g/m³、400g/m³、600g/m³、800g/m³。从图 3-12 中可以看出,不同浓度的铝粉尘被点燃时火焰传播的趋势基本相同,首先点火电极放电,铝粉尘在电极间被点燃形成淡黄色火焰,紧接着火焰由中心向周围不断扩大,形成近似于球状的火焰。随着火焰的传播,火焰传播速度加快,导致火焰形状变得很不规则。在火焰加速传播的过程中,火焰受制于玻璃管内壁和封闭端,随着温度的升高,燃烧的火焰产生膨胀气体积聚在管道内并传播至开口端,火焰变为刺眼的亮光。

综合分析图 3-12 可以得到,铝粉尘火焰在管道内传播的初始阶段需要一段较长时间的缓慢发展;在火焰传播的中后期,火焰传播速度不断加快。不同粒径不同浓度的铝粉尘火焰形态不相同,火焰形状不规则,特别是火焰传播的中后期,火焰锋面形状不规则,弯曲褶皱程度加大,原因是在透明管道中,通过高压气将铝粉尘喷出,形成粉尘云,在这一过程中,湍流流动的喷粉气流使粉尘在管道中分散均匀,但湍流的存在会对粉尘的火焰传播过程产生一定影响。

图 3-13 为铝粉尘爆炸火焰传播前期的微观结构图,在火焰刚被点燃时,火焰呈现微弱的淡黄色光,当火焰继续传播时,火焰亮度增加,并且由淡黄色变为白色,火焰前锋还呈现黄色亮光,火焰亮度越强,说明该处的铝粉尘燃烧反应越剧烈。随着火焰的加速传播,火焰遍布整个管道,铝粉尘并不是传播到火焰锋面处就燃烧完毕,在远离火焰锋面的地方仍有大量的粉尘颗粒在燃烧,火焰传播到最长处后,火焰开始逐渐消退,颜色由刺眼的亮光开始变暗,如图 3-14 所示,说明铝粉尘燃烧过程中存在非气相粉尘燃烧。

图 3-15~图 3-17 表示不同粒径铝粉尘在不同浓度下的爆炸火焰传播速度和火焰前锋距离,为了获得较为准确的火焰传播速度,不同粒径每种浓度下的燃烧试验至少重复四次。图 3-15 是 10μm 铝粉尘在 200g/m³、400g/m³、600g/m³、800g/m³ 浓度下爆炸火焰的传播速度和火焰前锋距离,在不同浓度下火焰传播的平均速度分别为 14.7m/s、15m/s、15.4m/s、16.1m/s,随着粉尘浓度的不断增大,火焰传播平均速度逐渐增大,燃烧时间逐渐缩短,火焰的长度逐渐减少。图 3-16 和图 3-17 也有相同规律,这是因为浓度较低时,参与燃烧反应的粒子数较少,燃烧反应产

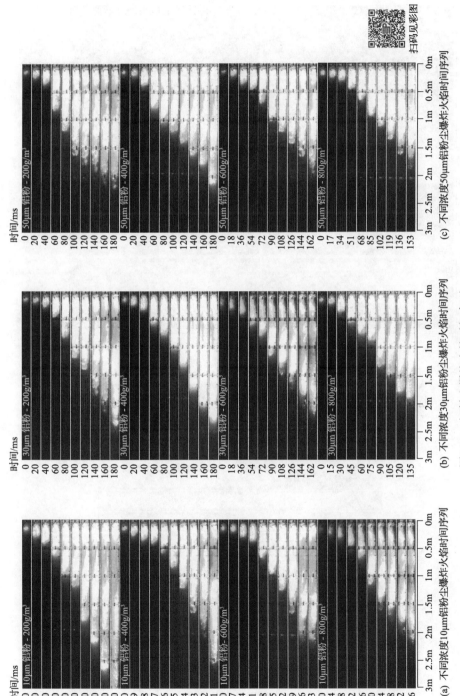

时间/ms

(a) 不同浓度10μm铝粉尘爆炸火焰时间序列

(b) 不同浓度30μm铝粉尘爆炸火焰时间序列

(c) 不同浓度50μm铝粉尘爆炸火焰时间序列

图3-12　铝粉尘爆炸火焰时间序列

扫码见彩图

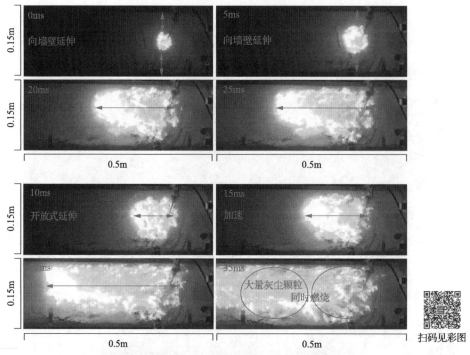

图 3-13　铝粉尘爆炸火焰传播前期的微观结构图

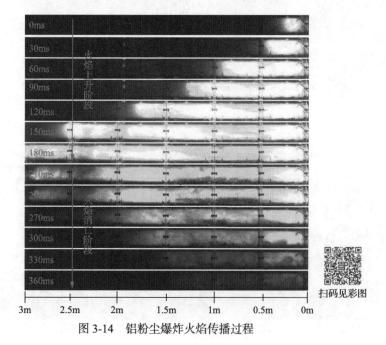

图 3-14　铝粉尘爆炸火焰传播过程

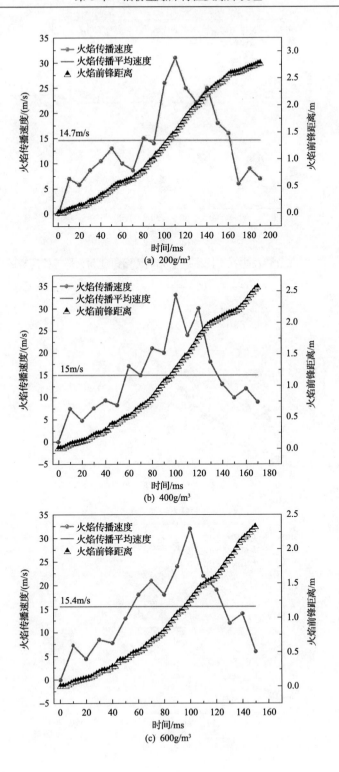

(a) 200g/m³

(b) 400g/m³

(c) 600g/m³

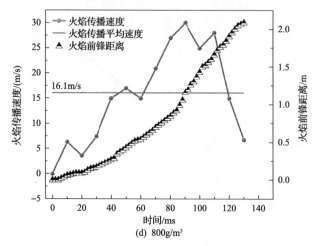

图 3-15 10μm 铝粉尘在不同浓度下火焰传播速度和火焰前锋距离的变化

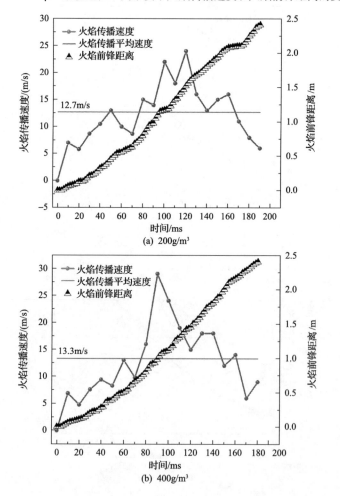

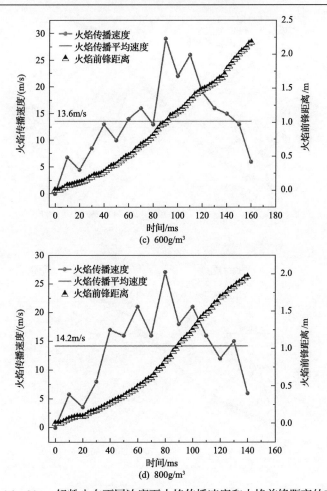

图 3-16　30μm 铝粉尘在不同浓度下火焰传播速度和火焰前锋距离的变化

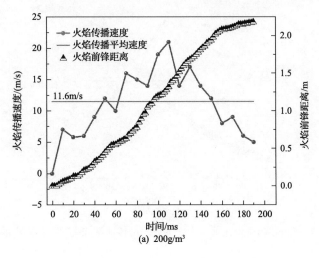

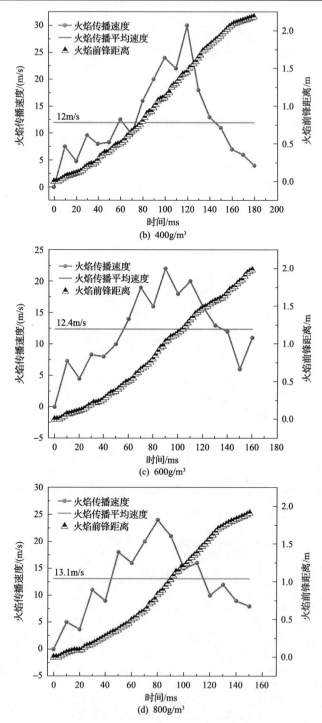

图 3-17　50μm 铝粉尘在不同浓度下火焰传播速度和火焰前锋距离的变化

生的气流动力不足，随着浓度的不断增大，在火焰传播过程中，有更多的铝粉尘参与到燃烧反应中，着火面积和放热量增大，使燃烧反应更加剧烈，加速未燃粒子的热解氧化，燃烧产生的压力加速了火焰的传播。综合上述分析，当铝粉尘粒径相同时，最大火焰传播速度随粉尘云浓度的增大而增大，且火焰传播速度达到峰值的时间变短。

分析铝粉尘粒径（10μm、30μm、50μm）对管道内粉尘火焰传播速度的影响，由图 3-15～图 3-17 可知，三种粒径的铝粉尘在浓度为 200g/m³ 时的火焰传播平均速度分别为 14.7m/s、12.7m/s、11.6m/s；三种粒径的铝粉尘在浓度为 400g/m³ 时的火焰传播平均速度分别为 15m/s、13.3m/s、12m/s；三种粒径的铝粉尘在浓度为 600g/m³ 时的火焰传播平均速度分别为 15.4m/s、13.6m/s、12.4m/s；三种粒径的铝粉尘在浓度为 800g/m³ 时的火焰传播平均速度分别为 16.1m/s、14.2m/s、13.1m/s。由此可以得出，在相同浓度的粉尘云条件下，粒径越小的铝粉尘火焰传播过程中的火焰传播平均速度越快，这是由于粒径较小的粉尘粒子比粒径较大的粉尘粒子有较大的比表面积，能够充分与氧气接触，加快了燃烧反应速率，在单位时间内粉尘粒子燃烧释放的热量更多，从而加快了火焰的传播。

3.3.3 铝粉尘火焰温度特性

图 3-18 为中位粒径 10μm，铝粉尘云浓度 800g/m³ 的火焰传播过程中 1 号、2 号、3 号、4 号热电偶采集的温度随时间的变化过程。由于粉尘爆燃过程中热电偶的热惯性会使测量温度对应的时间较晚，根据以往粉尘爆炸参数测试需要在接点处通过热平衡的关系去修正实验数据的测量结果，增强实验的科学性和精确性。修正公式通过热平衡关系公式进行转换。热平衡关系公式为

$$\frac{\mathrm{d}}{\mathrm{d}t}(\rho C_\rho V T_\mathrm{m}) = hS(T - T_\mathrm{m}) \tag{3-4}$$

式中：ρ 为热电偶的密度；C_ρ 为热电偶的比热；V 为接点体积；h 为对流换热系数；S 为表面积；T 为环境温度；T_m 为热电偶的测量温度。

$$V = \frac{\pi}{6}d^3 \tag{3-5}$$

$$S = \pi d^2 \tag{3-6}$$

式中：d 为粉尘颗粒的粒径。

将式(3-5)和式(3-6)代入式(3-4)可得到 T 与 T_m 的关系式，从而得到热电偶测量温度的修正式(3-7)：

$$T = T_\mathrm{m} + \tau\frac{\mathrm{d}T_\mathrm{m}}{\mathrm{d}t} \tag{3-7}$$

式中：τ 为热电偶温度修正系数。

由图 3-18 可知，1 号热电偶的温度曲线在 $t=10$ms 开始，升温速率较快，在 $t=27$ms 火焰温度达到最大值 590.7℃。当火焰温度达到最大值后，开始缓慢下降，温度在高温区保持 60ms，然后以较快速率下降。这是因为粉尘燃烧放热到达最大值后，热电偶附近的粉尘没有在短时间内彻底燃烧，燃烧反应持续了一段时间，导致温度没有立即降低，四条温度曲线变化过程相似，当温度到达最大值后，开始经历缓慢的下降过程，火焰消退阶段，温度下降速度增加。2 号、3 号和 4 号热电偶的峰值温度都在不断增大，这主要是因为当火焰由管道底部向上传播时，随着燃烧反应的不断进行，粉尘燃烧反应更加充分，燃烧释放的热量不断积累，温度也不断升高。

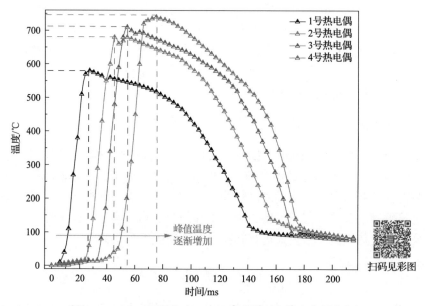

图 3-18　10μm 铝粉尘在 800g/m³ 浓度下火焰温度的变化

表 3-1 展现的是不同粒径不同浓度的铝粉尘在热电偶测得的火焰传播峰值温度。相同粒径的铝粉尘，浓度从 200g/m³ 增大到 800g/m³，火焰的温度都显著增大；相同浓度的铝粉尘，粒径从 10μm 增大到 50μm，温度都显著降低。综合分析可知，火焰温度的变化规律与火焰传播速度的变化规律相同，呈现正相关，这是由于火焰锋面燃烧区温度变高，火焰前锋预热区的热量传递变多，导致预热区升温速率加快，未燃的铝粉尘颗粒引燃过程缩短，从而火焰传播速度加快，燃烧面积增大，燃烧反应释放的能量增大，引起管道内气体的膨胀，进一步加快气体的流动速度。

表 3-1　铝粉尘粒径、浓度与火焰温度的关系

铝粉尘粒径/μm	铝粉尘云浓度/(g/m^3)	1 号热电偶/℃	2 号热电偶/℃	3 号热电偶/℃	4 号热电偶/℃
10	200	580	680	710	739
	400	594	685	716	761
	600	611	696	720	763
	800	628	701	723	768
30	200	573	650	694	716
	400	581	662	698	720
	600	592	668	703	728
	800	598	687	709	733
50	200	565	641	683	708
	400	571	650	689	715
	600	589	664	694	721
	800	595	673	702	727

3.4　铝粉尘爆炸超压特性

选取不同粒径铝粉尘(10μm、30μm、50μm)在 200g/m^3、400g/m^3、600g/m^3、800g/m^3、1000g/m^3 和 1200g/m^3 的粉尘云浓度下，进行铝粉尘爆炸压力测试实验。在不同的最大爆炸压力 P_{max} 和最大爆炸压力上升速率$(\mathrm{d}P/\mathrm{d}t)_{max}$下，大部分的爆炸过程都呈现出相似的压力曲线，根据爆炸压力测试曲线，铝粉尘爆炸过程中的典型压力演化曲线，如图 3-19 所示。高压气体将铝粉尘颗粒喷出，在爆炸罐中形成粉尘云，经过延时点火后，粉尘发生爆炸燃烧，使罐中压力剧增。

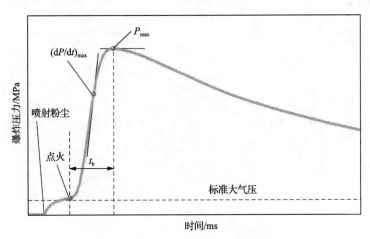

图 3-19　铝粉尘爆炸压力测试曲线

爆炸燃烧时间 t_b 是指从点火到最大爆炸压力 P_{max} 这一过程的时间。最大爆炸压力上升速率 $(dP/dt)_{max}$ 是指爆炸燃烧时间内的最大斜率。

对每个样品，重复进行三次爆炸实验，并相应地选取爆炸参数 P_{max} 和 $(dP/dt)_{max}$ 的平均值，不同粒径铝粉尘最大爆炸压力与铝粉尘云浓度的关系如图 3-20(a) 所示，可以看出，当铝粉尘云浓度较低时，最大爆炸压力会随着铝粉尘

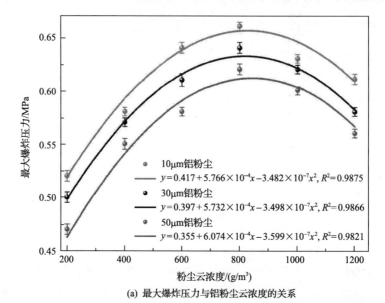

(a) 最大爆炸压力与铝粉尘云浓度的关系

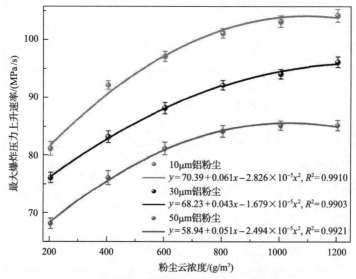

(b) 最大爆炸压力上升速率与铝粉尘云浓度的关系

图 3-20 爆炸参数与铝粉尘云浓度的关系

云浓度的增大而增大，直至铝粉尘云浓度达到约 800g/m^3，最大爆炸压力开始呈下降趋势。这主要是由于铝粉尘颗粒表面非均相氧化速率受氧化铝熔化过程和氧扩散速率的影响。在铝粉尘云浓度较低的条件下，爆炸罐内有足够的氧气，随着粉尘云浓度的增大，最大爆炸压力有上升趋势，当到达某一粉尘云浓度时，粉尘颗粒表面氧化铝熔化速率成为限制因素，或者颗粒周围的氧气可能被完全消耗，最大爆炸压力有下降趋势。铝粉尘最大爆炸压力上升速率与铝粉尘云浓度的关系如图 3-20(b) 所示，最大爆炸压力上升速率总体呈现上升的趋势，在达到最佳爆炸浓度后，铝粉尘云浓度对最大爆炸压力上升速率的影响较小。通过对实验数据的拟合发现，随着铝粉尘云浓度的增大，最大爆炸压力和最大爆炸压力上升速率均呈抛物线函数，拟合相关系数较高，铝粉尘云浓度对爆炸参数的影响如图 3-20中的拟合回归方程。

通过对爆炸参数的研究，得出爆炸参数与粉尘粒径的关系，如图 3-21 所示，

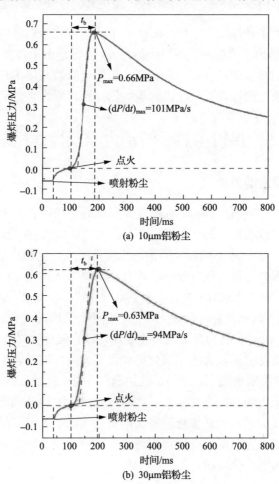

(a) 10μm铝粉尘

(b) 30μm铝粉尘

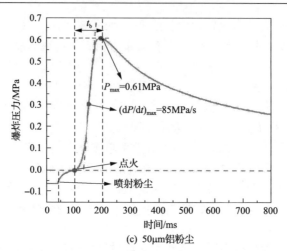

图 3-21　不同粒径的铝粉尘在最佳爆炸浓度 800g/m³ 下的爆炸压力曲线

不同粒径的铝粉尘在最佳爆炸浓度 800g/m³ 下，随着粉尘粒径的减小，最大爆炸压力和最大爆炸压力上升速率将大大增加，这主要是由于在相同的粉尘云浓度下，粒径较小的铝粉尘颗粒比表面积较大，铝粉尘颗粒与周围环境的热交换效率较大，促进了铝粉尘颗粒表面氧化铝物质熔化，使其爆炸燃烧反应较为剧烈。

3.5　铝粉尘热分析动力学及爆炸机理

3.5.1　铝粉尘热分析动力学

铝粉尘（10μm、30μm、50μm）在空气中燃烧后，通过数据采集和处理后可以获得样品质量和热流随温度的变化曲线，即热重（TG-DSC）曲线，如图 3-22 所示。由图 3-22 可以看出，三种不同粒径的铝粉尘热重曲线变化趋势是相同的，铝粉尘在 30～540℃范围内，没有明显变化，质量略有降低，主要是由于铝粉尘中水分的蒸发，表现出平缓的吸热峰；当温度为 540～710℃时，是铝粉尘初始氧化阶段，质量增重约为 5%，氧化产物可能是无定形氧化铝，先出现微弱的放热峰；而后当温度为 670℃时，出现了较为显著的熔化吸热峰；当温度为 710～800℃时，曲线变化不明显，主要是密度较大的 γ-氧化铝取代了无定形氧化铝，因为 γ-氧化铝密度较大，无法完全覆盖单质铝，导致活性铝暴露在外，接触氧气后开始剧烈燃烧；剧烈燃烧的温度范围为 800～1080℃，此时迅速增重，放热现象明显；当温度为 1080℃左右时，反应进入后期氧化阶段，增重速率减小，但质量仍有上升趋势，说明铝粉尘还没有被完全氧化。所以燃烧过程可分为三个阶段：初始氧化阶段、剧烈燃烧阶段和后期氧化阶段。

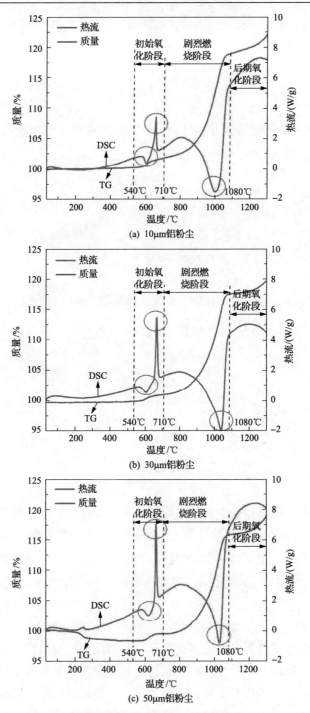

(a) 10μm铝粉尘

(b) 30μm铝粉尘

(c) 50μm铝粉尘

图 3-22　不同粒径铝粉尘的 TG-DSC 图(热流率：10℃/min)

TG 为质量；DSC 为热流

为进一步了解铝粉尘在空气中的燃烧机理，进行了相关的动力学分析，运用非等温、非均相反应的动力学方程，基本公式为

$$\frac{\mathrm{d}\alpha}{\mathrm{d}t} = Kf(\alpha) \tag{3-8}$$

式中：t 为时间；K 为反应速率常数；$f(\alpha)$ 为机理函数，积分形式为 $G(\alpha)$；α 为反应转化率，$\alpha = \dfrac{m_1 - m_0}{m_\infty - m_0}$，其中 m_1 为某时刻的样品质量，m_0、m_∞ 为某个阶段的样品初态与终态质量。

由阿伦尼乌斯方程可知：

$$K = A\exp\left(-\frac{E_1}{RT}\right) \tag{3-9}$$

式中：A 为指前因子；E_1 为活化能；R 为气体常数，$8.314\mathrm{J/(mol \cdot K)}$；$T$ 为热力学温度。由式(3-8)和式(3-9)以及升温速率 $\beta = \dfrac{\mathrm{d}T}{\mathrm{d}t}$ 可得

$$\frac{\mathrm{d}\alpha}{\mathrm{d}T} = \frac{A}{\beta}\exp\left(-\frac{E_1}{RT}\right)f(\alpha) \tag{3-10}$$

由 Coats-Redfern 积分方程得

$$\ln\frac{G(\alpha)}{T^2} = \ln\frac{AR}{\beta E_1} - \frac{E_1}{RT} \tag{3-11}$$

根据以往研究得出铝粉尘初始氧化阶段为一级化学反应，最概然机理函数为 $G(\alpha) = -\ln(1-\alpha)$；剧烈燃烧阶段为三维扩散方程(Z-L-T 方程)，最概然机理函数为 $G(\alpha) = [(1-\alpha)^{-1/3} - 1]^2$。将初始氧化阶段的 $G(\alpha) = -\ln(1-\alpha)$ 和剧烈燃烧阶段的 $G(\alpha) = [(1-\alpha)^{-1/3} - 1]^2$ 代入式(3-10)可算出铝粉尘的活化能 E_1，计算结果如图 3-23 所示。

由图 3-23 可得，初始氧化阶段的活化能小于剧烈燃烧阶段，表明在剧烈燃烧阶段，铝粉尘需要从外界吸收更多的热量，参与剧烈燃烧阶段的铝粉尘颗粒要多于参与初始氧化阶段的铝粉尘颗粒，较初始氧化阶段要更难发生反应，因此需要吸收更多的能量使非活化分子转化为活化分子。初始氧化阶段和剧烈燃烧阶段的活化能和指前因子随着粒径的增大而增大，当粒径增大时，铝粉尘颗粒的氧化反

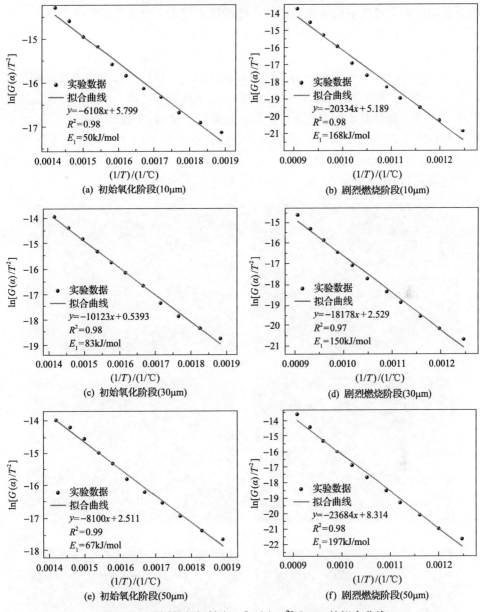

图 3-23 不同粒径铝粉尘 $\ln[G(\alpha)/T^2]$ 和 $1/T$ 的拟合曲线

应过程越困难,需要从外界吸收的能量越多。此外,化学反应速率与活化能有关。在这两个阶段,随着铝粉尘粒径的减小,活化能降低,化学反应速率逐渐增大。

3.5.2 铝粉尘爆炸产物及机理分析

铝粉尘及其爆炸产物在不同反应条件下的 SEM 图像如图 3-24 所示,不同条件下爆炸产物呈现出不同的表观形貌，爆炸压力越大，产生的爆炸颗粒越小，对于粒径较大的铝粉尘颗粒，其爆炸产物呈蓬松絮状结构。通过 X 射线光电子能谱（X-ray photoelectron spectroscopy, XPS）对铝粉尘爆炸产物进行分析，结合能量色散 X 射线谱（X-ray energy dispersive spectrum, EDS）对爆炸产物中的主要元素及其含量进行分析，结果如图 3-25 所示。显然，铝氧化程度越高，含氧量越高，氧化物含量越高，即与爆炸压力成正比。铝粉尘爆炸产物 XPS 测试光谱和 Al2p 的分峰光谱如图 3-26 所示，爆炸产物的元素谱峰显示出 O1s、C1s、Al2p、Al2s 四种元素，对 Al2p 光谱进行拟合分峰，这个最高峰值为 Al^{3+}，所以 74eV 处的峰值对应的物质为 Al_2O_3，在 74.5eV 处的峰值对应为 $Al(OH)_3$。

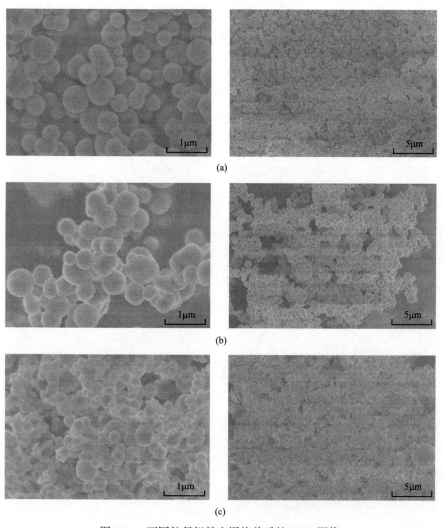

图 3-24　不同粒径铝粉尘爆炸前后的 SEM 图像

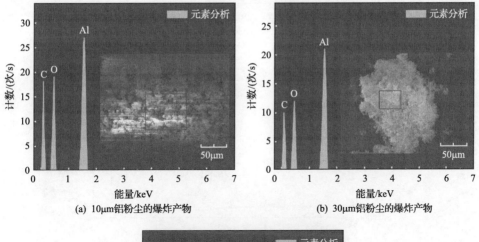

(a) 10μm铝粉尘的爆炸产物   (b) 30μm铝粉尘的爆炸产物

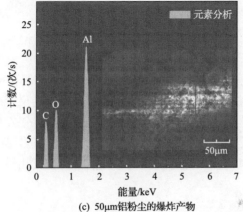

(c) 50μm铝粉尘的爆炸产物

图 3-25 不同粒径铝粉尘爆炸产物的 EDS 能谱分析

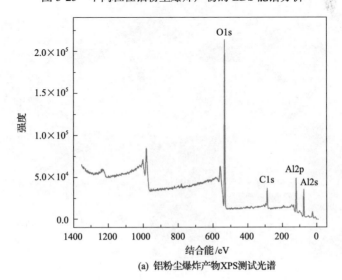

(a) 铝粉尘爆炸产物XPS测试光谱

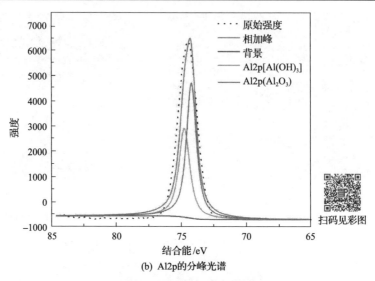

(b) Al2p的分峰光谱

图 3-26　铝粉尘爆炸产物的 XPS 图谱

铝粉尘的氧化机理非常复杂，主要影响因素是温度和氧化条件。如图 3-27 所示，铝粉尘燃烧氧化过程中存在两个不同的反应过程，当反应温度升高到表面氧化铝熔融温度时，氧化铝出现缺口，氧气进入内部和熔融铝发生反应，从而使反应更加剧烈，这主要是由气相扩散控制的；氧化铝的温度升高会导致氧化层变薄并分裂成多个部分，氧化物外壳的破裂将导致铝喷射和气相燃烧，这主要是由非均相动力学控制的。

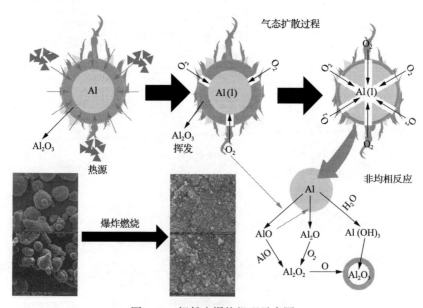

图 3-27　铝粉尘爆炸机理示意图

　　铝粉尘云可以认为是分散在气态氧化剂中的铝粉尘颗粒群，由于铝具有极强的还原性，因此暴露在空气中的铝表面会形成一层致密的氧化铝薄膜等，其厚度为 2～5nm。

　　铝粉尘爆炸是一个十分复杂的非定常气-固两相动力学过程，第一个为气相点火机理，可将点火过程分为三个不同的阶段：一为升温阶段，铝粉尘颗粒通过热辐射、热传导、热对流等方式吸收外界能量，导致铝粉尘颗粒表面的温度快速升高；二是热分解或蒸发阶段，当铝粉尘颗粒上升到一定温度后，短时间内发生热分解或蒸发，产生气体；三是气体点火燃烧阶段，热分解或气化产生的气体与空气中的氧气充分接触，混合形成爆炸性气体混合物，在热源的作用下发生剧烈的气相反应，释放出一定量的热，释放出的热量传递给相邻的尘埃粒子，并循环上述过程，燃烧扩散和爆炸。

　　表面非均相点火机理：铝粉尘的点火过程分为三个阶段，一是点火阶段，空气中的氧分子扩散到颗粒表面并附着在其上，两分子充分接触后，铝粉尘颗粒表面在外热源作用下可直接燃烧，形成挥发分；二是挥发阻燃阶段，燃烧产生的挥发分在颗粒表面聚集形成气相保护层，将内部的粉尘颗粒包围起来，阻断其与氧分子的接触；三是挥发分点火阶段，挥发分不断吸收外界能量，达到一定值后开始燃烧，产生的气体产物离开铝粉尘颗粒表面逸散到空气中，铝粉尘颗粒表面再次与氧气接触，重复上述过程，使燃烧和爆炸继续蔓延和发展。

　　根据相变过程和化学反应过程，铝粉尘颗粒的氧化可分为以下几个阶段：第一阶段，铝粉尘被反应区放出的热量加热，两层之间发生传热传质。气体和颗粒表面接触，颗粒发生质量和能量扩散。第二阶段，当环境温度达到 2300K 左右(氧化铝的熔点)时，粉尘颗粒的氧化膜开始熔化和破裂。随后，氧化铝壳开始发生晶体转变。第三阶段，随着温度升高，铝粉尘颗粒内部压力不断升高，使熔融的铝粉尘核心向外扩散。因此，铝粉尘颗粒被点燃。第四阶段，由于表面张力的作用，熔化的氧化膜会在颗粒涂层表面形成氧化帽，使所有的铝粉尘核心暴露在氧化剂中。随着颗粒温度升高，温度达到铝粉尘的沸点，铝粉尘核心开始蒸发，在颗粒周围形成气相扩散。在燃烧初期，铝粉尘颗粒被稳定对称的气体火焰包围，随着氧化层的破裂和铝粉尘颗粒的蒸发，形成铝粉尘的气相低价氧化物。

　　对不同粒径微米铝粉尘爆炸燃烧规律和热分析动力学进行实验研究，获得以下结论。

　　(1)铝粉尘爆炸火焰在透明管道中的传播可以分为火焰缓慢传播和火焰加速传播两个阶段，受管道内湍流流动的影响，条件不同火焰形态不同。火焰传播速度和火焰温度随粉尘云浓度的增大而增大，随粒径的增大而减小。

　　(2)通过铝粉尘爆炸压力测试实验发现，随着铝粉尘浓度的增加，最大爆炸压力和最大爆炸压力上升速率均呈抛物线函数，拟合相关系数较高。

(3)对铝粉爆炸产物进行 XPS、SEM 和 EDS 分析，爆炸产物主要物质为氧化铝、氢氧化铝和未燃烧的铝，推理出铝粉尘爆炸机理模型。

(4)联合 TA-DSC 曲线将铝粉尘在空气中的燃烧过程分为初始氧化阶段、剧烈燃烧阶段、后期氧化阶段。通过分析铝粉尘的 $\ln\dfrac{G(\alpha)}{T^2}$ 与 $\dfrac{1}{T}$ 拟合曲线，计算出铝粉尘燃烧过程的反应动力学参数。

第4章 铝镁合金粉尘爆炸特性及爆炸机理

4.1 铝镁合金粉尘爆炸与抑爆

在现代工业中，铝镁合金在电子通信、国防军工以及汽车行业等领域都具有广阔的开发应用前景，是非常重要的一类材料。在铝镁合金制品的生产过程中，打磨台周围和除尘管道中会存在大量的铝镁合金粉尘。铝镁合金粉尘着火温度较低，极易被点燃，在一定条件下会引发爆炸事故。因此，研究铝镁合金粉尘的爆炸特性，可为预防和控制工业重大危险事故提供支撑。

粉尘的爆炸特性参数包括爆炸的严重程度和爆炸的可能性两部分，爆炸的严重程度包括最大爆炸压力、最大爆炸压力上升速率、爆炸指数；爆炸的可能性包括粉尘层的最低着火温度、粉尘云的最低着火温度和最小着火能量。但是因为实验条件的限制以及存在的风险，研究的进展十分缓慢，尤其是对合金金属粉尘的研究较少。王林元等[34]利用爆炸罐测试了合金金属粉尘的爆炸极限，并用不同的抑爆剂进行了抑爆实验。章君和胡双启[35]利用粉尘云最小着火能量实验系统对不同粒径的合金金属粉尘的最小着火能量进行了测试，实验得到了不同粒径和浓度下的铝粉尘最小着火能量的变化规律。王霞飞[36]对镁铝合金的爆炸特性进行了研究，通过实验和理论分析，得到了符合最小着火能量和粉尘层最低着火温度变化规律的拟合模型。曹杭等[37]研究了铝镁合金粉尘爆炸特性，结果表明铝镁合金粉尘云的最小着火能量为 304.5mJ，最大爆炸压力为 0.50MPa，爆炸烈度为St1级。

金属粉尘爆炸过程涉及气-液-固三相流体，受到多种因素的影响，爆炸过程十分复杂。Friedman 和 Macek[38]在不同氧浓度的热气体环境中，对铝粉尘进行了爆炸燃烧实验测试，通过实验结果发现当铝粉尘表面的氧化膜因为热膨胀发生破裂时，铝粉尘颗粒才会被点燃，而且当氧浓度高的时候，更容易被点燃。陈志华等[30]利用垂直玻璃管研究了铝粉尘颗粒的火焰传播规律及点火规律，条件是戊烷悬浮流在弱点火条件下，通过实验测试出了铝粉尘在垂直玻璃管中的加速传播图像，然后通过数值模拟软件得到了铝粉尘在垂直玻璃管中的加速传播机理。Ogle等[39]建立了单个铝粉尘颗粒的燃烧模型。洪滔和秦承森[33]通过对铝粉尘的加热测试，发现当温度升高到 700℃时，铝粉尘颗粒表面出现裂纹，氧化膜破裂，说明当铝粉尘颗粒达到自身的熔点时，表面的氧化膜就会破裂，在气流的作用下，铝粉尘颗粒会被点燃。

粉尘燃烧爆炸的本质是复杂的氧化放热反应，而热分析技术是研究物质在升温过程中发生物理及化学变化的重要手段。Yuan 等[40]利用 TG-DSC 分析了四种不同升温速率下镁的燃烧情况，研究了在不同燃烧阶段镁的质量变化情况，然后研究了在氮气的燃烧气氛下镁的燃烧情况，发现在氮气条件下镁的质量变化较少，说明镁和氧的反应更剧烈。Aly 和 Dreizin[41]利用 TG-DSC 研究了两种不同的合金金属粉尘，结果表明 Mechanical alloying(MA)在低温条件下表现出放热，而Cast-alloyed (CA)没有出现此种现象，说明在镁铝合金受热过程中，镁是先被氧化的一方，然后结合爆炸产物的多种分析方法(如 SEM、XPS 等)可以对粉尘爆燃的微观机理进行分析。Aly 等[42]通过对铝粉尘燃烧产物的分析发现其中含有Al-O-N 相混合物。当燃烧产物中存在 Al-O-N 相混合物，说明金属在燃烧过程中与氧气和氮气同时发生了反应。这也说明合金的燃烧不只是铝和镁的氧化燃烧反应，而是一个涉及多种因素的极其复杂的反应。通过实验可以发现铝镁合金比铝更容易发生燃烧反应，且火焰的传播速度更快，爆炸危险性更强。

铝镁合金粉尘爆炸是一个极其复杂的过程，研究铝镁合金粉尘在加热过程中的爆炸参数和燃烧动力学参数及其之间的关系，对指导工业粉尘爆炸的防治具有重要意义。本章采用粉尘云最小着火能量实验系统、20L 球形爆炸罐实验系统对三种不同粒径的铝镁合金粉尘进行实验研究。然后利用 TG 对铝镁合金粉尘进行热解氧化特性测试，通过动力学分析，求解表征铝镁合金粉尘氧化反应过程的活化能，最后阐述铝镁合金粉尘的燃烧机理及火焰传播机理。

4.2　铝镁合金粉尘爆炸火焰特性

4.2.1　铝镁合金粉尘材料及表征

实验所用铝镁合金粉尘由湖南金昊新材料科技股份有限公司生产。在某公司抛光除尘车间爆炸现场采集的粉尘样本平均粒径为微米级尺寸。为更好地接近生产实际，本实验选择了三种不同粒径的铝镁合金粉尘作为实验样品，按粒径大小分别定义为 AM1、AM2、AM3。铝镁合金粉尘粒径分析如图 4-1 所示，AM1 中位粒径为 1.492μm，AM2 中位粒径为 23.452μm，AM3 中位粒径为 43.286μm。铝镁合金粉尘的 EDS 分析与 SEM 图像如图 4-2 所示，通过对 SEM 图像观察，铝镁合金粉尘颗粒呈近球形。

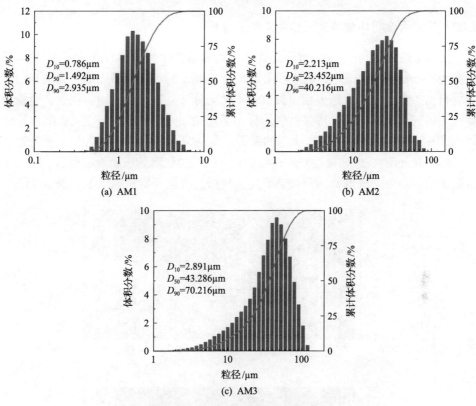

图 4-1 铝镁合金粉尘粒径分布

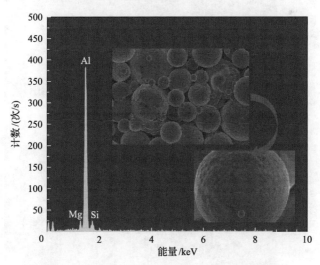

图 4-2 铝镁合金粉尘的 EDS 分析和 SEM 图像

4.2.2　铝镁合金粉尘爆炸火焰传播实验及分析

图 4-3 是 AM1 在不同浓度下的爆炸火焰传播图像。图 4-3（a）是 AM1 粉尘云浓度为 50g/cm³ 时的爆炸火焰传播图像。当 t=0ms 时，粉尘被点燃，火焰开始向四周自由扩散，此时火焰表面呈离散和不均匀分布，这可能是因为铝镁合金粉尘颗粒热解气化生成的可燃挥发性气体分布不均匀，火焰更倾向于在可燃挥发性气体浓度较高的区域传播；随着火焰的发展，当 t=24ms 时，火焰接触到玻璃管道底部；当 t=36ms 时，火焰接触到玻璃管侧壁。火焰边缘到达玻璃管侧壁后，因为管道对火焰的约束，火焰只能沿玻璃管向上传播，火焰开始快速向上发展。火焰在

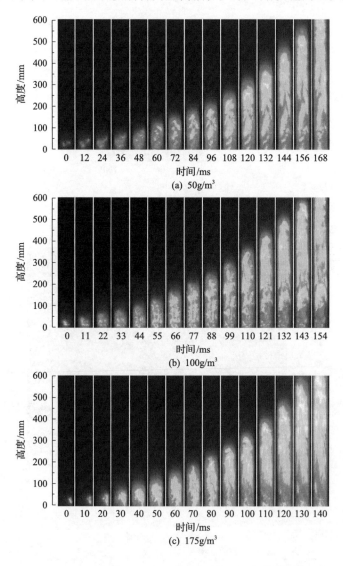

(a)　50g/m³

(b)　100g/m³

(c)　175g/m³

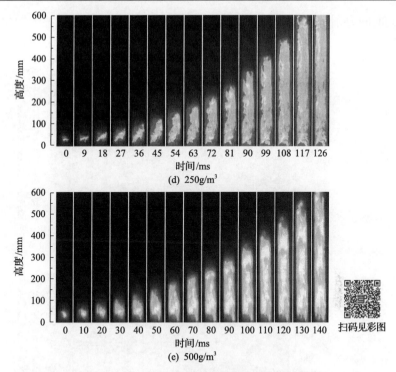

图 4-3　铝镁合金 AM1 在不同浓度下的爆炸火焰传播图像

向上发展的同时逐渐变亮；当 t=60ms 时，开始出现明显的黄色火焰。火焰前锋也由初始阶段不规则变为较为规则的抛物线状；当 t=168ms 时，火焰前沿到达玻璃管顶端，此时结构轮廓清晰，颜色也变得更加明亮。

　　当粉尘云浓度增加到 100g/cm³ 时，如图 4-3(b)所示，与图 4-3(a)相比，火焰在初始阶段发光强度也较大，当 t=12ms 时，管道中出现较为明显的黄色火焰，火焰轮廓比较规则，火焰发展过程也相对加快；当 t=22ms 时，火焰传播到两侧面；当 t=154ms 时，火焰就已经充满整个管道，到达玻璃管顶端。随着 AM1 粉尘云浓度进一步增大，火焰发展迅速且发光强度变大，当浓度达到 175g/cm³ 时，火焰开始出现白色发光区，并随着浓度的增大，白色发光区的面积逐渐增大。这可能是因为随着粉尘云浓度的增大，参与燃烧反应的粉尘粒子增多，释放了大量的热，燃烧产物膨胀速率增加，气相燃烧区域扩大。但当浓度增加到 500g/cm³ 时，火焰到达玻璃管顶端的时间相比浓度为 250g/cm³ 时的 126ms 增加到 140ms，这可能是由于粉尘云浓度过大促进了粒子的团聚，并加剧了粒子的沉降，使得参与燃烧反应的粉尘粒子数大大减少，火焰持续上升动力不足。

　　图 4-4 是铝镁合金粉尘在相同浓度不同粒径下的爆炸火焰传播图像。综合分析当 t=124ms 时，AM1 火焰到达玻璃管顶端，而 AM2、AM3 到达垂直玻璃管顶

端的时间分别增加到 154ms、168ms，由此可见，随着粉尘粒径的增大，火焰的发展速度逐渐变慢。从图 4-6 中还可以看出随着粉尘粒径的增大，火焰形态的不规则程度加大。

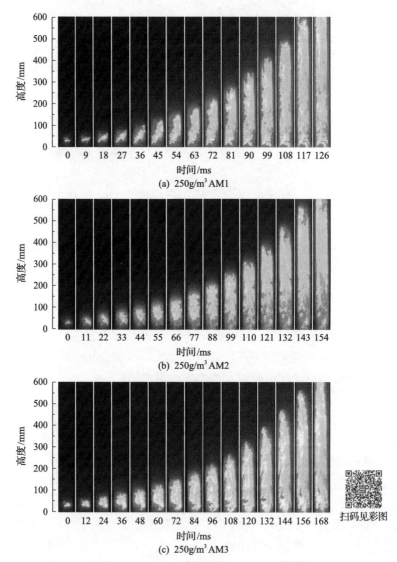

图 4-4　不同粒径的铝镁合金粉尘爆炸火焰传播图像

4.2.3　铝镁合金粉尘爆炸最小着火能量实验及分析

图 4-5 为不同浓度不同粒径下铝镁合金粉尘最小着火能量测试结果。可以看出，随着粉尘云浓度的增大，粉尘的最小着火能量呈现出先减小后增大的趋势。

以 AM3 为例，当铝镁合金粉尘云浓度为 50g/m³ 时，最小着火能量为 100mJ，然后随着浓度的增大，最小着火能量逐渐降低，当铝镁合金粉尘云浓度为 400g/m³ 时，最小着火能量下降为 5mJ。这可能是因为单位体积内被电火花点燃的铝镁合金粉尘增加，放热量增大，反应速率增大，最小着火能量随着粉尘云浓度的增加而逐渐减小。当铝镁合金粉尘云浓度达到 750g/m³ 时，最小着火能量增加到 15mJ，这可能是因为氧气过少，无法支撑玻璃管内铝镁合金粉尘的完全燃烧，此时浓度越大，能量被颗粒表面吸收，同时铝镁合金颗粒也容易发生团聚现象，因此比表面积变小，导致铝镁合金粉尘难以被点燃。根据 AM1、AM2、AM3 三条曲线的变化规律可以看出，随着铝镁合金粉尘粒径的增大，粉尘云的最小着火能量也逐渐增大。

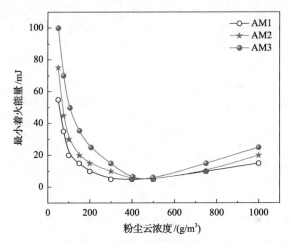

图 4-5　不同粒径不同浓度的铝镁合金粉尘最小着火能量

4.3　铝镁合金粉尘爆炸超压特性

爆炸压力是决定爆炸危险程度的关键影响因素，P_{max}、$(dP/dt)_{max}$ 及 K_{st} 反映了爆炸程度的大小。图 4-6 为不同粒径的铝镁合金粉尘在浓度为 300g/cm³ 下的爆炸压力曲线。从图 4-6 中可以看出，AM1 爆炸压力曲线开始时上升缓慢，爆炸压力上升速率逐渐增加，当 t=27.51ms 时，爆炸压力上升速率到达峰值 46.8MPa/s，之后爆炸压力上升速率开始降低，当 t=43.95ms 时，爆炸压力上升速率减小为 0，爆炸压力也到达最大值 0.821MPa。当粒径增大时，P_{max} 和 $(dP/dt)_{max}$ 逐渐降低，且到达 P_{max} 和 $(dP/dt)_{max}$ 的时间逐渐增加。当浓度为 400g/cm³ 时，AM2 到达 $(dP/dt)_{max}$ 的时间为 32.64ms，到达 P_{max} 的时间为 49.36ms；AM3 到达 $(dP/dt)_{max}$ 的时间为 35.14ms，到达 P_{max} 的时间为 54.51ms。从图 4-7 中也可以看出，相同浓度条件下，铝镁合金粉尘粒径越大，P_{max} 和 $(dP/dt)_{max}$ 越小。这可能是由于 P_{max} 和 $(dP/dt)_{max}$ 不仅与铝镁合金粉末表面的燃烧速度有关，还和粒子的比表面积的大小、气相氧化剂的扩散速度有关，以及与反应热在粒子表面的传输速度和燃烧过程中热量的释放速度有关。当粒子尺寸变大，燃烧迅速扩大时，内部的粒子因氧化剂不足而无法完成燃烧，使燃烧热的释放和传输变慢。随着铝镁合金粉尘粒子和气相接触面积的增加，粒子的表面积增加，气相氧化剂相对于粒子表面扩散时间变短，由于氧化剂充足，粒子不能完全燃烧的现象减弱，燃烧热的释放加速。因此，P_{max} 和 $(dP/dt)_{max}$ 随着铝镁合金粉尘颗粒尺寸的减小而增大。

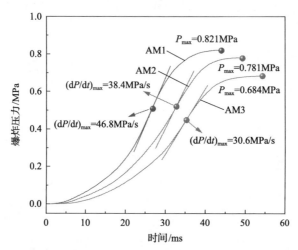

图 4-6　不同粒径的铝镁合金粉尘爆炸压力曲线（浓度为 300g/cm³）

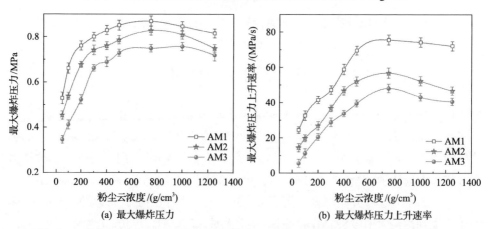

(a) 最大爆炸压力　　　　　　　　　(b) 最大爆炸压力上升速率

图 4-7　不同粒径不同浓度的铝镁合金粉尘最大爆炸压力和最大爆炸压力上升速率

图 4-7 显示了三种粒径的铝镁合金粉尘，在不同浓度下对最大爆炸压力、最大爆炸压力上升速率的影响。当铝镁合金粉尘云浓度较小时，铝镁合金粉尘可以

与氧气完全反应，而随着铝镁合金粉尘云浓度的增加，铝镁合金粉尘与氧气发生反应释放出大量的热量，导致空气的温度升高，当温度达到镁粉与氮气发生反应的温度时，铝镁合金中的镁会继续和氮气发生反应，此时虽然空气中的氧气含量不足，但仍然可以释放热量。

根据图 4-7，通过 AM1 具体分析铝镁合金粉尘的浓度与最大爆炸压力、最大爆炸压力上升速率之间的关系。从图 4-7 中可看出，P_{max} 和 $(dP/dt)_{max}$ 起初随着铝镁合金粉尘云浓度的增加而逐渐上升，当铝镁合金粉尘云浓度达到 750g/cm³ 时，P_{max} 和 $(dP/dt)_{max}$ 分别为 0.852MPa 和 75.6MPa/s，此浓度即为 AM1 的最佳爆炸浓度，当浓度高于 750g/cm³ 时，P_{max} 和 $(dP/dt)_{max}$ 都将随着浓度的增大而逐渐减少。这可能是由于当铝镁合金粉尘云浓度达到一定量时，爆炸罐内的氧化剂会因为不足，导致铝镁合金粉尘颗粒不能完全燃烧，没有燃烧的铝镁合金粉尘因为自身温度低，会吸收多余的燃烧热，使空气热量减少，所以最大爆炸压力和最大爆炸压力上升速率减少。AM1、AM2、AM3 在不同浓度下对最大爆炸压力和最大爆炸压力上升速率的影响规律具有一致性。

4.4　铝镁合金粉尘热分析动力学及爆炸机理

4.4.1　铝镁合金粉尘热分析动力学

图 4-8 为三种不同粒径铝镁合金粉尘在三种不同升温速率下的质量-失重率 (TG-DTG) 曲线。随着温度的升高，铝镁合金粉尘的质量逐渐增加，铝镁合金粉尘在空气中氧化形成氧化膜。在初始阶段，TG 曲线的变化幅度较小，上升速率较慢，此时铝镁合金粉尘氧化反应程度较小，质量的增加速度较慢，氧化程度较低。当温度升到 800℃时，反应速率迅速增加，质量猛增，氧化层也越来越厚。

采用 Model-free 方法求解反应活化能时，并不需要明确反应机理，而是基于多种升温速率 TG-DSC 曲线，确定固定转化率所对应于每组升温速率曲线的温度，

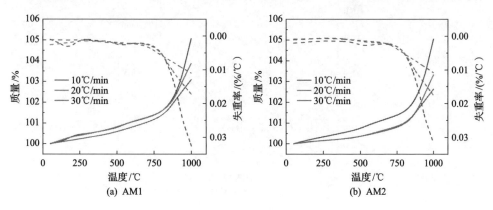

(a) AM1　　　　　　　　　　　(b) AM2

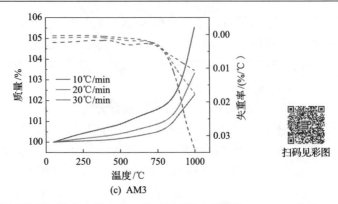

图 4-8　不同粒径的铝镁合金粉尘在三种不同升温速率下的 TG-DTG 曲线

进一步根据相关假设条件,直接求解活化能。本节采用 KAS 方法分析铝镁合金粉尘反应过程的动力学特性,该方法由 Kissinger、Akahira 和 Sunose 提出,其最终的表达式为

$$\ln(\beta/T^2) = \ln[AR/\beta G(\alpha)] - E_1/(RT)$$

该方法在 TG 曲线上截取不同升温速率下相同转化率 α 时的 T 值,由 $\ln(\beta/T^2)$ 与 $1/T$ 作图,用最小二乘法进行线性回归,由斜率求得在该转化率 α 下的活化能 E_1。

基于图 4-9 中直线的斜率得到了反应过程中不同转化率所对应的活化能。在燃烧反应开始时,活化能较小,但是随着燃烧反应的进行,活化能逐渐变大,此时铝镁合金粉尘要想发生剧烈燃烧,需要吸收较多的热量。由此可知,参与剧烈燃烧阶段的分子要多于初始氧化阶段的分子,因此需要更多的非活化分子吸收能量成为活化分子。

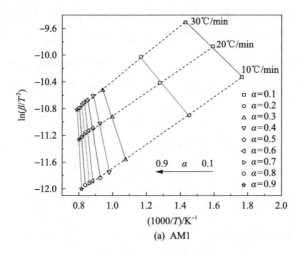

(a) AM1

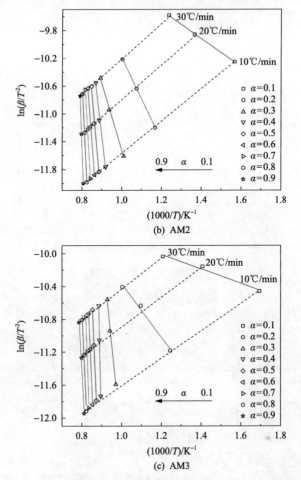

图 4-9　不同粒径的铝镁合金粉尘在不同转化率下的 KAS 布局

不同转化率条件下的活化能随着粒径的减小而减小，表明粒径越小，铝镁合金粉尘越容易发生氧化反应。从图 4-10 中可以看出随着转化率的增加，效果越明显，当 α=0.9 时，AM1 的活化能为 362kJ/mol，AM3 的活化能为 632kJ/mol，这也表明小粒径的铝镁合金粉尘需要更少的能量就可以完成分子的活化。因此，小粒径的铝镁合金粉尘化学反应速率更快，爆炸反应更容易进行。

4.4.2　铝镁合金粉尘爆炸火焰燃烧机理

取铝镁合金粉尘爆炸后的产物做 SEM 分析，结果如图 4-11 所示。图 4-11（a）为铝镁合金粉尘经 1000℃升温后的产物，与铝镁合金粉尘相比，经高温处理的铝镁合金表面有大量不规则的鳞状结晶物，这主要是铝镁合金粉尘被氧化后的氧化膜；其表面还出现了部分烧结现象，在周围有熔体流出，这可能是因为铝镁合金

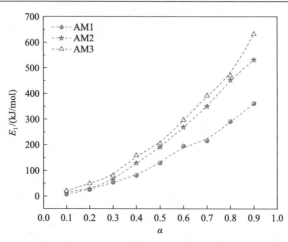

图 4-10　不同粒径铝镁合金粉尘在不同转化率条件下的活化能

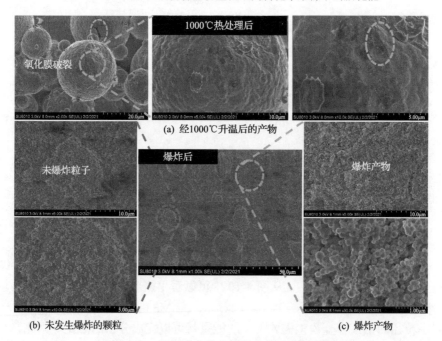

(a) 经1000℃升温后的产物

(b) 未发生爆炸的颗粒　　　　　　　　　　　　　　(c) 爆炸产物

图 4-11　铝镁合金粉尘爆炸产物 SEM 图像

粉尘在高温条件下发生局部气化或沸腾，从而在颗粒的破裂处喷射出较小的颗粒。图 4-11(b)为铝镁合金粉尘爆炸产物中未发生爆炸的铝镁合金粉尘颗粒。图 4-11(c)为铝镁合金粉尘发生爆炸后形成的产物。

　　铝镁合金粉尘燃烧机理如图 4-12 所示，铝和镁都容易发生氧化反应，因此铝镁合金颗粒表面通常会有一层氧化膜，从图 4-11 的 SEM 图像可以看出，铝镁合金粉尘颗粒呈近球形，形状较为规整，表面附着有鳞状物，其主要由氧化铝和氧化镁组成。在铝镁合金粉尘的点火、燃烧过程中,由于表面氧化层的包覆,铝镁合金粉尘的点火、燃烧过程与液态粒子有很大的不同。如图 4-12 所示,通过分析铝镁合金粉尘的点火及燃烧过程和氧化层的作用机制,可以推测铝镁合金粉尘进入高温气体环境时有可能发生三种情况。第一种情况,由于高温气体的加热效果,初期被氧化物层覆盖的铝镁合金粉尘表面的氧化层局部破裂,在破裂点发生表面化学反应,粉尘温度进一步上升,当达到氧化层的熔点时,由于表面张力的作用而形成氧化帽,如图 4-12(a)所示,在燃烧结束之前会建立不对称火焰。第二种情况,在铝镁合金粉尘颗粒表面的氧化层覆盖下,颗粒内的金属在高温下急速膨胀,氧化层迅速破坏,释放内部的未燃金属,形成微小爆炸现象,如图 4-12(b)所示,微爆炸性产物在高温气体中持续燃烧,直到燃烧结束。第三种情况,当颗粒在高温气体中被氧化时,会形成高密度的氧化膜,或者氧化膜的形成速度会比破坏速度大,氧化膜会完全覆盖颗粒表面,并加以阻碍,如图 4-12(c)所示,这是表面化学反应和点火失败的原因。

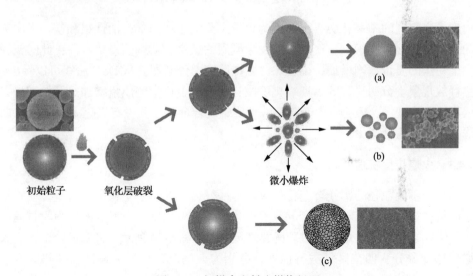

图 4-12　铝镁合金粉尘燃烧机理

为进一步分析铝镁合金粉尘的燃烧机理,对铝镁合金粉尘的 TG-DSC-DTG 曲线进行分析,如图 4-13 所示。

①稳定期:在 0~100℃,铝镁合金粉尘没有大的变化,铝镁合金粉尘中的水蒸发,在 DSC 曲线上显示出稳定的吸热峰,因此其质量略有下降。②初始氧化阶段:在 100~520℃,质量上升缓慢,此时铝镁合金粉尘和空气中的氧气反应生成无定形氧化铝和氧化镁。③晶体转变周期:在 520~670℃,铝镁合金粉尘的 TG 曲线继续缓慢上升,质量变化依旧不明显,但是从 DSC 曲线可以看到较为明显的吸热峰,这表明此时铝镁合金粉尘到达熔点并开始熔化。此时铝镁合金粉尘颗粒

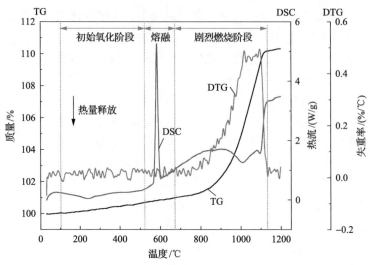

图 4-13　铝镁合金粉尘的 TG-DSC-DTG 曲线

出现了高密度的 γ-氧化铝，但是因为该形态无法包住内部的活性铝和镁。当内部的铝镁合金液体接触到空气后，会发生剧烈的燃烧。④剧烈燃烧阶段：此时铝镁合金粉尘的质量急剧增加，说明此时燃烧反应十分剧烈。从 DSC 曲线可以看出，热释放现象十分明显。⑤后期氧化阶段：铝镁合金粉尘的质量增加又开始减慢，反应速度也变慢，但仍有上升趋势，表明铝镁合金颗粒并没有氧化完全，DSC 曲线的热释放逐渐减少。

4.4.3　火焰传播机理

　　基于不同粒径的铝镁合金粉尘火焰传播行为，考虑粉尘粒子在垂直玻璃管道中的传播规律，还有粉尘粒子的热解气化现象、氧化反应及燃烧的动力学过程，建立铝镁合金粉尘火焰传播机理的物理模型，如图 4-14 所示。将铝镁合金粉尘火焰传播现象分为四个区域进行描述，分别为火焰区、预混火焰区、预热区及未燃区。

　　粉尘粒径分布影响火焰结构，即连续火焰结构和离散火焰结构。小粒径铝镁合金粉尘颗粒在高温下会迅速扩张，未燃金属撑破氧化层发生微爆，形成预混火焰区，如图 4-14(a)所示，粉尘火焰形状规则、空间结构连续，与预混气体爆炸类似。较大粒径铝镁合金粉尘颗粒表面发生裂解，液态的金属熔融物流出，在颗粒表面发生燃烧，如图 4-14(b)所示，粉尘火焰结构复杂，黄色发光区周围离散地存在暗橙色的发光点。火焰首先向粒径较小的颗粒传播，粒径较小的颗粒完全裂解气化后形成局部预混火焰，然后对大粒径颗粒加热使其热解气化后燃烧，形成局部扩散火焰，导致较大粒径的铝镁合金粉尘爆炸火焰出现离散现象。因此，粒径

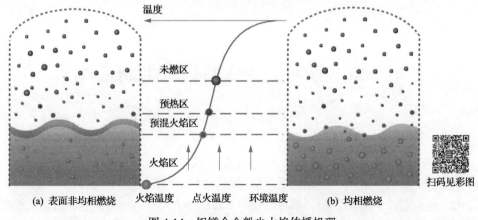

图 4-14　铝镁合金粉尘火焰传播机理

较小的铝镁合金粉尘颗粒由于比表面积较大，会比粒径较大的铝镁合金粉尘先发生气化燃烧，火焰会快速形成，也就更加容易造成粉尘爆炸。但是，粒径较小的铝镁合金粉尘颗粒可能会发生严重的团聚现象。除粉尘粒子自身的特性外，粉尘喷雾气压、粉尘质量及爆炸容器的大小等实验条件都可能会对团聚现象产生严重影响。当粉尘的团聚程度非常严重时，粒子会急速下降，大大降低实际参与燃烧的粉尘云的浓度。而且，大尺寸的凝集粒子不容易点火，火焰难以维持传播，很快就会消失。

第 5 章　铁粉尘爆炸特性及抑制机理

5.1　铁粉尘爆炸与抑爆

铁粉应用范围广,可作为粉尘冶金制品、电焊条的原料、火焰切割的喷射剂、有机化学合成的还原剂、复印机油墨载体等。铁粉的生产过程包括切割、磨粉、乳化、涡流磨粉、雾化磨粉、机械摩擦磨粉和气流磨粉,生产的铁粉从微米到纳米不等。铁粉生产企业及相关行业在进行金属加工作业时如铸造、研磨、加工和焊接,存在较高的潜在火灾爆炸风险。尤其是纳米铁粉,因为纳米粒子容易产生表面效应特性,使得纳米粒子的性质发生改变,引起粒子化学性质变得活泼,也就是说纳米铁粉存在的安全隐患更大,需要更严格的安全防护。随着工业发展,铁粉的需求与日俱增,其潜在的爆炸危险性也越来越大,及时采取有效的技术措施控制铁粉爆炸事故的发生显得十分必要,如何防止铁粉爆炸也成为一个重要的研究课题。

根据爆炸发生的条件,爆炸防护的技术措施可以分为两大类,包括预防性技术措施和防护性技术措施。预防性技术措施主要通过阻止点火源和可燃物的形成,属于事前预防,而防护性技术措施则通过隔离、泄放和抑制等手段,属于事后控制。在实际生产过程中,铁粉的产生是难以避免的,而且很难实现铁粉的完全清除。而且点火源的形成原因复杂,高温条件难以避免,所以只靠预防性技术措施难以保证安全生产。防护性技术措施才是保证工业安全生产的主要手段。早前,对粉尘爆炸及其抑爆的研究,主要致力于煤矿开采行业,在煤矿开采过程中粉尘抑爆技术是控制粉尘爆炸的重要手段,通过使用惰性粉体,能有效阻止煤尘爆炸范围扩大;在其他行业也经常使用固态惰性材料来控制可燃粉尘的爆炸事故的发生,比如涉及金属粉尘行业。所以,惰性粉体的研究对金属粉尘行业的安全生产有着重要的意义。

目前,对金属粉尘的抑爆研究还不够具体全面,而专门针对铁粉尘抑爆的研究更为有限。伍毅等[43]利用三种碳酸盐(碳酸钙、碳酸氢钠、碳酸氢钾)对镁粉进行了抑爆实验,结果表明碳酸盐粉体的抑爆效果与其粒径和浓度有关,此外,三种碳酸盐惰性粉体中碳酸钙的抑爆效果最好。付羽等[44]选取氯化钠粉末对三种不同粒径的镁粉样品进行惰化实验,结果表明氯化钠粉末对镁粉具有抑制效果,而且用量随着镁粉粒径的减小而增大。Jiang 等[45]系统评价了三聚氰胺、聚磷酸酯、磷系抑爆剂(ABC 粉)和碳酸氢钠对铝粉尘爆炸的抑制性能,研究表明与三聚氰胺

氰尿酸盐 (MCA) 相比，三聚氰胺聚磷酸盐 (MPP) 对铝粉火焰温度的抑制作用更强。ABC 粉对铝粉尘的抑爆效果比碳酸氢钠要好，但是 ABC 粉中的磷酸二氢铵分解产生氨气，会增大铝粉尘的爆炸严重程度。Dastidar 和 Amyotte[46]研究了实验室尺度上磷酸二氢铵和碳酸氢钠对铝粉尘爆炸的最小惰性浓度，结果表明抑制铝粉尘爆炸所需的磷酸二氢铵浓度要比碳酸氢钠低。李亚男[47]研究了磷酸二氢铵和碳酸钙粉体对钛粉、铝粉、镁粉三种金属粉尘的爆炸抑制作用，结果表明磷酸二氢铵作为金属粉尘的抑爆剂，抑爆效果比碳酸钙更显著，而且在金属粉尘被完全惰化之前，随着所添加的磷酸二氢铵质量变大，对金属粉尘的抑爆效果越显著。邓军等[48]研究了 ABC 粉和 MCA 粉对铝粉尘爆炸的抑制作用，发现添加 ABC 粉和氮系抑爆剂（如 MCA 粉），能降低铝粉的爆炸危险性，而且 MCA 粉对铝粉的抑爆作用更加显著。通过分析可知，目前国内外学者对金属粉尘的抑制进行了大量研究，但缺少对铁粉尘的抑爆研究，对铁粉尘抑爆剂的抑爆效果尚不明确，这不利于铁粉尘的安全生产和使用。

本章从实验与理论两方面，研究对比微纳米铁粉尘爆炸的敏感性和严重性，开展微纳米铁粉尘的抑爆实验，测试 ABC 粉和 MCA 粉对铁粉尘的抑爆效果，并研究微纳米铁粉尘动力学机理以及抑爆剂对铁粉尘动力学的影响，为预防和控制微纳米铁粉尘生产、加工、储存和使用过程中铁粉尘爆炸事故的发生，提供一定的理论基础和科学依据，也为研究者在铁粉尘爆炸领域的深入研究奠定基础，对铁粉尘安全生产具有一定的指导意义。

5.2　铁粉尘爆炸特性实验

5.2.1　铁粉尘材料及表征

实验所采用的微米铁粉尘和纳米铁粉尘，购自南宫市鑫盾合金焊材喷涂有限公司。铁及其氧化物的理化性质见表 5-1。

表 5-1　铁及其氧化物的理化性质

物质	分子量	熔点/℃	沸点/℃	密度/(g/cm³)
Fe	55.85	1537	2862	7.85
FeO	71.85	1369	3414	5.70
Fe_2O_3	160	1565	3414	5.24
Fe_3O_4	231.54	1594.5		5.18

采用 Mastersizer 2000 和 Zetasizer 激光粒度分析仪分别对微米铁粉尘和纳米

铁粉尘的粒径进行测定，并采用 SEM 对其表面微观形貌进行观察，如图 5-1、图 5-2 所示。从图 5-1 和图 5-2 中可以看出，微米铁粉尘颗粒的中位粒径为 27.28μm，纳米铁粉的直径为 167.5nm。

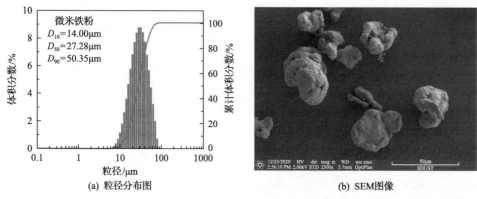

(a) 粒径分布图　　　　　　　　　　　　(b) SEM 图像

图 5-1　微米铁粉尘粒径分布及其 SEM 图像

(a) 粒径分布图　　　　　　　　　　　　(b) SEM 图像

图 5-2　纳米铁粉尘粒径分布及其 SEM 图像

对比图 5-1(b) 和图 5-2(b) 可以看出，本实验所选用的 27.28μm 铁粉尘形状无规则，大小不均，表面粗糙并有较多空隙，颗粒之间较为分散；167.5nm 铁粉尘颗粒形状为近球状，大小不均，表面较为光滑，颗粒之间相互黏接，团聚现象明显。

5.2.2　铁粉尘爆炸敏感性实验

1. 粉尘云最小着火能量分布特性

利用粉尘云最小着火能量实验系统分别对 27.28μm 和 167.5nm 铁粉尘进行粉尘云最小着火能量测试，铁粉尘质量梯度设定为 0.3g、0.6g、0.9g、1.2g、1.5g、2.0g，已知装置中垂直玻璃管的容积为 1.2L，换算成粉尘云浓度分别为 250g/m³、

$500g/m^3$、$750g/m^3$、$1000g/m^3$、$1250g/m^3$、$1667g/m^3$，实验研究不同粉尘云浓度下，27.28μm 铁粉和 167.5nm 铁粉的最小着火能量。

表 5-2 为不同浓度（$250g/m^3$、$500g/m^3$、$750g/m^3$、$1000g/m^3$、$1250g/m^3$、$1667g/m^3$）下 27.28μm 和 167.5nm 铁粉尘云最小着火能量测试结果。图 5-3 为 27.28μm 和 167.5nm 铁粉尘云最小着火能量随浓度变化趋势图。结合图 5-3 和表 5-2 可以看出，随着铁粉尘云浓度的增大，27.28μm 和 167.5nm 铁粉尘云的最小着火能量均呈现出先减小后增大的趋势，并且 27.28μm 铁粉尘云和 167.5nm 铁粉尘云的最小着火能量最小时，其浓度均在 $750\sim1000g/m^3$。当粉尘云的浓度低于 $750g/m^3$ 时，铁粉尘云的最小着火能量随着浓度的增大而减小，此时随着粉尘云浓度的增加，垂直玻璃管中的氧气浓度充足，单位体积内有更多的粉尘颗粒接触电火花，随后颗粒之间的热传递导致反应中热量越来越大，温度也越来越高，这加快了氧化反应速率，所以粉尘云最小着火能量随着粉尘云浓度的增加而逐渐减小；当粉尘云浓度处于 $750\sim1000g/m^3$ 时，垂直玻璃管中的氧气与粉尘云恰好完全反应，粉尘云最小着火能量为最低值。当粉尘云浓度达到 $1000g/m^3$ 后，铁粉尘云的最小着火能量有上升的趋势，这是因为当粉尘云达到一定浓度时，粉尘颗粒吸收的热量大于电火花放出的热量，且氧气浓度有限，难以将垂直玻璃管内所有的铁粉尘完全氧化，不利

表 5-2　不同浓度时铁粉尘云的最小着火能量

样品名称	$250g/m^3$	$500g/m^3$	$750g/m^3$	$1000g/m^3$	$1250g/m^3$	$1667g/m^3$
27.28μm 铁粉尘	1500mJ	800mJ	300mJ	300mJ	500mJ	500mJ
167.5nm 铁粉尘	300mJ	10mJ	3mJ	3mJ	5mJ	10mJ

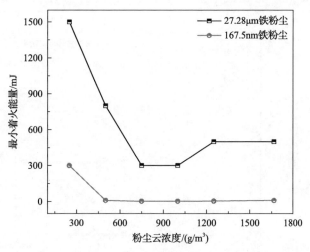

图 5-3　微纳米铁粉尘云最小着火能量随粉尘云浓度的变化曲线

于铁粉尘的燃烧。所以，当粉尘云浓度为 750～1000g/m³ 时，27.28μm 铁粉尘和 167.5nm 铁粉尘的最小着火能量达到最小值，27.28μm 铁粉尘的最小着火能量为 300mJ，167.5nm 铁粉尘的最小着火能量为 3mJ。

2. 粉尘云最低着火温度分布特性

利用粉尘云最低着火温度实验系统分别对微米和纳米铁粉尘云进行最低着火温度测试，铁粉尘质量梯度设定为 0.1g、0.3g、0.5g、0.7g、0.9g、1g，根据测试装置中燃烧室体积 0.33L，可算得粉尘云浓度分别为 300g/m³、900g/m³、1500g/m³、2100g/m³、2700g/m³、3000g/m³。设定粉尘压力为 0.06MPa，实验研究不同粉尘云浓度下，27.28μm 铁粉尘和 167.5nm 铁粉尘的粉尘云最低着火温度。

表 5-3 为不同浓度(300g/m³、900g/m³、1500g/m³、2100g/m³、2700g/m³、3000g/m³)下 27.28μm 和 167.5nm 铁粉尘云最低着火温度测试结果。图 5-4 为 27.28μm 和 167.5nm 铁粉尘云最低着火温度随浓度变化的趋势图。从图 5-4 和表 5-3 中可以看出，随着铁粉尘云浓度的增大，铁粉尘云的最低着火温度逐渐变低，最终趋于稳定。这可能是因为铁粉尘云浓度越大，接触到加热炉热表面的粉尘颗粒也越多，单位体积和时间内参与燃烧反应的分子数量越多，所需的温度就越低。当粉尘云达到一定浓度时，即 2100g/m³ 后，参与反应的铁粉尘颗粒虽然增多，但由于加热

表 5-3　不同浓度铁粉尘云的最低着火温度

样品名称	300g/m³	900g/m³	1500g/m³	2100g/m³	2700g/m³	3000g/m³
27.28μm 铁粉尘	850℃	680℃	630℃	580℃	580℃	580℃
167.5nm 铁粉尘	520℃	480℃	450℃	420℃	420℃	420℃

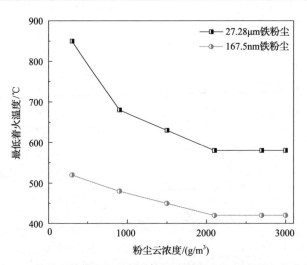

图 5-4　微纳米铁粉尘云最低着火温度随粉尘云浓度的变化曲线

炉内氧气不足，无法保证炉内铁粉尘全部燃烧，因此铁粉尘云最低着火温度逐渐趋于稳定。最终得出 27.28μm 铁粉尘云的最低着火温度为 580℃，167.5nm 铁粉尘云的最低着火温度为 420℃。

3. 粉尘爆炸下限分布特性

粉尘爆炸极限包括粉尘爆炸上限和粉尘爆炸下限。粉尘爆炸下限是指在空气中，遇火源能发生爆炸的粉尘最低浓度。一般来说，粉尘的爆炸下限越小，则其爆炸危险性越大。每种可燃粉尘的爆炸下限各不相同，而且同一类可燃粉尘的爆炸下限也通常随着环境条件(温度、压力)的变化而不一样。

参照标准《粉尘云爆炸下限浓度测定方法》(GB/T 16425—2018)利用 20L 球形爆炸罐实验系统分别对 27.28μm 和 167.5nm 铁粉尘进行实验，结果见表 5-4、表 5-5。当确定铁粉尘爆炸下限时，如果测得的最大爆炸压力大于或等于 0.15MPa，则应逐级减小粉尘云浓度继续进行实验，直至连续三次同样实验所测的最大爆炸压力均小于 0.15MPa。

表 5-4　27.28μm 铁粉尘爆炸下限确定

粉尘质量/g	粉尘云浓度/(g/m³)	点火延迟时间/ms	最大爆炸压力/MPa
3	125	60	0.181
3	125	60	0.175
2.5	100	60	0.148
2.5	100	60	0.144
2.5	100	60	0.175
2.5	100	60	0.175
2.5	100	60	0.148
2	75	60	0.086
2	75	60	0.049
2	75	60	0.103

表 5-5　167.5nm 铁粉尘爆炸下限确定

粉尘质量/g	粉尘云浓度/(g/m³)	点火延迟时间/ms	最大爆炸压力/MPa
1.2	60	60	0.181
1.2	60	60	0.147
0.8	40	60	0.144
0.8	40	60	0.175
0.8	40	60	0.148

续表

粉尘质量/g	粉尘云浓度/(g/m³)	点火延迟时间/ms	最大爆炸压力/MPa
0.8	40	60	0.175
0.8	40	60	0.118
0.4	20	60	0.069
0.4	20	60	0
0.4	20	60	0

由表 5-4 和表 5-5 中数据可知, 27.28μm 铁粉尘随着粉尘云浓度的降低, 爆炸压力逐渐下降, 当粉尘云浓度为 75g/m³ 时, 经过连续三次爆炸实验测得铁粉尘最大爆炸压力都小于 0.15MPa, 而对粉尘云浓度 100g/m³ 进行多次实验发现, 有两次实验测得铁粉尘的最大爆炸压力大于 0.15MPa, 所以可得出 27.28μm 铁粉尘的爆炸下限在 75~100g/m³; 同理 167.5nm 铁粉尘在粉尘云浓度为 20g/m³ 时, 经过连续三次爆炸实验测得铁粉尘最大爆炸压力都小于 0.15MPa, 对粉尘云浓度 40g/m³ 进行多次实验发现, 有两次实验测得铁粉尘的最大爆炸压力大于 0.15MPa, 故可知 167.5nm 铁粉的爆炸下限在 20~40g/m³。

5.2.3 铁粉尘爆炸严重性实验

1. 铁粉尘爆炸过程分析

图 5-5 为铁粉尘(中位粒径为 27.28μm, 浓度为 500g/m³)在 20L 球形爆炸罐实

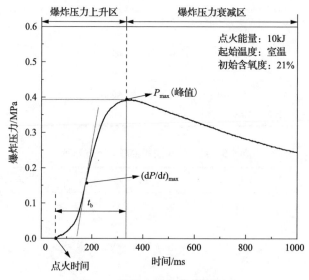

图 5-5　铁粉尘爆炸压力曲线图

验系统中点火后，爆炸压力随着时间变化的曲线图。t_b 表示粉尘爆炸燃烧时间，定义为点火后爆炸压力增大到 P_{max} 的时间，在抑爆系统的设计安装中，粉尘爆炸的燃烧时间可以为抑爆装置的安装位置提供参考依据，并且对抑爆装置的快速响应时间提出了要求。

根据爆炸压力曲线图，可以将铁粉爆炸过程分为三个阶段。

(1)爆炸压力上升区。爆炸罐中存在可燃物铁粉，且氧气充足，点火后，铁粉迅速发生爆炸释放出大量热量，能量持续累积，导致压力上升。

(2)爆炸压力峰值。此时铁粉所释放的能量累积到极限值。峰值压力大小与粉尘的反应热力学和化学动力学性质有关。

(3)爆炸压力衰减区。此时爆炸罐中反应物减少即释放的热量减少，而热量损失持续，损失热量大于反应生成的热量，压力逐渐下降。

化学点火药头引燃后，铁粉尘在密闭空间内的压力从大气压一直上升到最大值的过程是爆燃反应中的关键过程。在此过程中，铁粉颗粒在极短时间内熔化、蒸发、挥发气相铁参与爆燃反应，释放出大量能量，并且颗粒与颗粒之间通过热辐射、热对流将能量范围不断扩大，致使反应中的可燃物不断增加。之后随着爆燃反应循环发生，致使反应速率不断加快，反应区域也不断增大，能量持续累积到该反应的极限值，铁粉尘的爆炸压力也达到最大值，即 P_{max}；当铁粉尘爆炸压力达到最大值后，密闭空间内的铁粉燃烧完全，可燃物减少而产生的能量随着热辐射和热传递逐渐消失，以致铁粉尘爆炸压力逐渐减小。由图 5-5 可以看出，在爆炸压力上升区，铁粉尘的爆炸压力变化较快即压力曲线的斜率较大，而在爆炸压力衰减区铁粉尘的爆炸压力曲线的斜率相对平缓，说明能量耗散速度慢。说明在密闭空间铁粉尘云爆炸过程中释放能量的速度较快，而消耗能量的速度较慢。

2. 粉尘云最大爆炸压力、最大爆炸压力上升速率及爆炸指数实验

分别对 27.28μm 和 167.5nm 铁粉尘在粉尘云浓度为 125～1250g/m³ 和 40～1000g/m³ 条件下进行爆炸严重程度测量实验，并记录实验的压力-时间曲线。分析实验曲线，确定 27.28μm 和 167.5nm 铁粉尘的最大爆炸压力 (P_{max}) 和最大爆炸压力上升速率 $[(dP/dt)_{max}]$，并通过计算得出爆炸指数 (K_{st}) 的值。

表 5-6 和表 5-7 分别为 27.28μm 和 167.5nm 铁粉尘在不同浓度下的 P_{max}、$(dP/dt)_{max}$ 和 K_{st}，可以看到 27.28μm 铁粉尘在粉尘云浓度为 750g/m³ 时 P_{max} 和 $(dP/dt)_{max}$ 都达到最大值，此时计算铁粉尘的 K_{st} 等于 5.6MPa·m/s；167.5nm 铁粉尘在粉尘云浓度为 375g/m³ 时，P_{max} 和 $(dP/dt)_{max}$ 达到最大值，此时计算铁粉尘的 K_{st} 等于 12.6MPa·m/s。根据粉尘爆炸危险性分级标准得出，27.28μm 铁粉尘和 167.5nm 铁粉尘爆炸危险性分级均为 St1 级。

表 5-6　27.28μm 铁粉尘在不同浓度下爆炸参数测试结果

浓度/(g/m³)	P_{max}/MPa	$(dP/dt)_{max}$/(MPa/s)	K_{st}/(MPa·m/s)
125	0.18	2.58	0.70
250	0.19	2.58	0.70
500	0.26	10.31	2.80
750	0.39	20.63	5.60
1000	0.31	14.18	3.85
1250	0.29	5.16	1.40
最大值	0.39	20.63	5.60

表 5-7　167.5nm 铁粉尘在不同浓度下爆炸参数测试结果

浓度/(g/m³)	P_{max}/MPa	$(dP/dt)_{max}$/(MPa/s)	K_{st}/(MPa·m/s)
40	0.17	2.58	0.70
60	0.18	2.58	0.70
125	0.28	11.60	3.15
250	0.43	25.78	7.00
375	0.56	46.41	12.60
500	0.48	36.09	9.80
625	0.44	33.52	9.10
750	0.41	29.65	8.05
1000	0.36	11.6	3.14
	P_{max}=0.56	$(dP/dt)_{max}$=46.41	K_{st}=12.6

　　根据表 5-6 和表 5-7 的数据，绘制 27.28μm 和 167.5nm 铁粉尘的 P_{max} 和 $(dP/dt)_{max}$ 随粉尘云浓度的变化图，如图 5-6、图 5-7 所示。

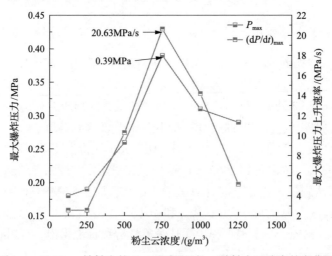

图 5-6　27.28μm 铁粉尘的 P_{max} 和 $(dP/dt)_{max}$ 随粉尘云浓度的变化图

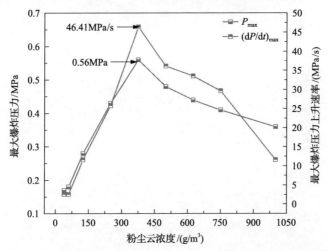

图 5-7　167.5nm 铁粉尘的 P_{max} 和 $(dP/dt)_{max}$ 随粉尘云浓度的变化图

从图 5-6 和图 5-7 中可以看到, 27.28μm 和 167.5nm 铁粉尘的 P_{max} 和 $(dP/dt)_{max}$ 都随着粉尘云浓度的增加表现出先增大后减少的趋势。实验容器处于密闭状态, 所含氧气有限, 当铁粉尘云浓度较低时, 氧气浓度充足, 铁粉尘颗粒能完全与氧气接触并发生反应。而且铁粉尘爆炸过程中发生氧化还原反应释放的能量随着铁粉尘云浓度的增大而增大, 其表现为 P_{max} 和 $(dP/dt)_{max}$ 的增大。当浓度达到一定值时, 铁粉尘与氧气的比例为最佳值, 恰好能燃烧充分, 此时反应为最佳状态, 此时对应的 P_{max} 和 $(dP/dt)_{max}$ 值最大。当粉尘云浓度继续增大时, 爆炸罐中的氧气浓度不足, 铁粉尘爆炸不完全, 导致释放的能量减少, 同时由于未参加反应的铁粉尘还会吸收燃烧所释放的能量, 进一步削弱了铁粉尘爆炸时释放的能量, 因而之后的 P_{max} 和 $(dP/dt)_{max}$ 均变小。

3. 微纳米铁粉尘爆炸严重性对比分析

图 5-8 为 27.28μm 铁粉尘和 167.5nm 铁粉尘的最大爆炸压力 P_{max} 随粉尘云浓度变化的对比图。

对图 5-8 中数据进行拟合, 得出 27.28μm 铁粉尘和 167.5nm 铁粉尘的最大爆炸压力随着粉尘云浓度的增大而变化的拟合公式。

27.28μm 铁粉尘:

$$P_{max} = 0.18057 + 0.21354e^{-0.5\left(\frac{C_1 - 791.8549}{208.15864}\right)^2} \tag{5-1}$$

$$R^2 = 0.99888$$

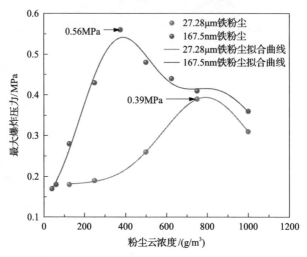

图 5-8　27.28μm 铁粉尘和 167.5nm 铁粉尘的最大爆炸压力随粉尘云浓度的变化

167.5nm 铁粉尘:

$$P_{\max} = 0.21241 + 0.41083 \left(\frac{C_1 - 546.54452}{273.0875} \right)$$
$$\times \left[\left(\frac{C_1 - 546.54452}{273.0875} \right)^2 - 3 \right] e^{-0.5 \left(\frac{C_1 - 546.54452}{273.0875} \right)^2} \tag{5-2}$$

$$R^2 = 0.97411$$

式中: $P_{\max}$ 为铁粉尘最大爆炸压力; C_1 为铁粉尘云浓度。

　　由图 5-8 分析得出, 随着粉尘云浓度的增大, 铁粉尘 $P_{\max}$ 也随之增大。对 27.28μm 铁粉尘来说, 当粉尘云浓度为 750g/m³ 时铁粉尘 $P_{\max}$ 达到最大; 而当粉尘云浓度继续增大时, 铁粉尘 $P_{\max}$ 会随着粉尘云浓度的增加而减小, 说明 27.28μm 铁粉尘 $P_{\max}$ 最大的粉尘云浓度为 750g/m³。同理 167.5nm 铁粉尘 $P_{\max}$ 最大的粉尘云浓度大约在 375g/m³。

　　图 5-9 为 27.28μm 铁粉尘和 167.5nm 铁粉尘的最大爆炸压力上升速率随粉尘云浓度变化的对比图。

　　对图 5-9 中数据进行拟合, 得出 27.28μm 铁粉尘和 167.5nm 铁粉尘的最大爆炸压力上升速率与粉尘浓度之间的拟合公式。

　　27.28μm 铁粉尘:

$$(dP/dt)_{\max} = 2.15886 + 18.67909 e^{-0.5 \left(\frac{C_1 - 793.00804}{226.56375} \right)^2} \tag{5-3}$$

$$R^2 = 0.99187$$

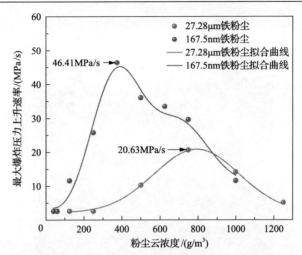

图 5-9　27.28μm 铁粉尘和 167.5nm 铁粉尘的最大爆炸压力上升速率随粉尘云浓度的变化

167.5nm 铁粉尘：

$$(\mathrm{d}P/\mathrm{d}t)_{\max} = 9.42025 + 42.64606\left(\frac{C_1 - 507.97662}{197.97315}\right)$$

$$\times \left[\left(\frac{C_1 - 507.97662}{197.97315}\right)^2 - 3\right]\mathrm{e}^{-0.5\left(\frac{C_1 - 507.97662}{197.97315}\right)^2} \qquad (5\text{-}4)$$

$$R^2 = 0.94328$$

综上所述，27.28μm 铁粉尘 $P_{\max}$ 最大的粉尘云浓度为 750g/m³，在此浓度下铁粉尘 $(\mathrm{d}P/\mathrm{d}t)_{\max}$ 也达到最大值。而 167.5nm 铁粉尘的 $P_{\max}$ 和 $(\mathrm{d}P/\mathrm{d}t)_{\max}$ 在粉尘云浓度为 375g/m³ 时达到最大值。167.5nm 铁粉尘的 $P_{\max}$ 是 27.28μm 铁粉尘的 1.44 倍，$(\mathrm{d}P/\mathrm{d}t)_{\max}$ 是 27.28μm 铁粉尘的 2.25 倍。可见纳米铁粉尘较微米铁粉尘更容易在低浓度时产生最大爆炸压力，爆炸速率也更快，而且发生的爆炸严重性要远远大于微米铁粉尘。这可能是因为纳米铁粉尘的粒径远远小于微米铁粉尘，比表面积更大，产生了表面效应特性。表面效应是指随着颗粒粒径减小到纳米级别，由于纳米粒子相对比表面积大，所以表面的原子数量占整个分子的数量较多，表面原子数量增多，其化合价达不到饱和，导致存在大量极易成键的电子，增加了纳米粒子的活性。所以 167.5nm 铁粉的 $P_{\max}$ 和 $(\mathrm{d}P/\mathrm{d}t)_{\max}$ 都比 27.28μm 铁粉尘的要大。

5.2.4　爆炸产物微观形貌分析

如图 5-10 所示，铁粉尘爆炸产物的宏观形貌为砖红色颗粒状的氧化铁。为了对比分析微米铁粉尘和纳米铁粉尘爆炸产物的微观形态差异，实验利用 SEM 对

27.28μm 和 167.5nm 铁粉尘在 20L 球形爆炸罐内爆炸的固态产物形貌进行观测，如图 5-11 所示。

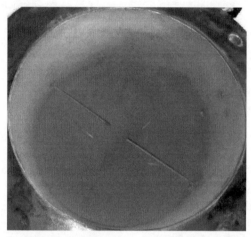

扫码见彩图

图 5-10　铁粉尘爆炸固态产物宏观形态

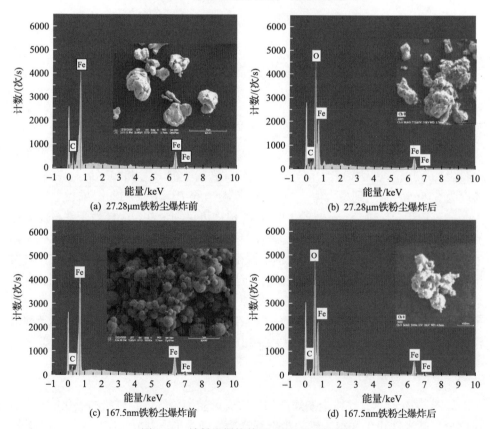

(a) 27.28μm铁粉尘爆炸前　　　　　　　(b) 27.28μm铁粉尘爆炸后

(c) 167.5nm铁粉尘爆炸前　　　　　　　(d) 167.5nm铁粉尘爆炸后

图 5-11　铁粉尘爆炸前后 SEM 和 EDS 图

　　图 5-11 为 27.28μm 铁粉尘和 167.5nm 铁粉尘分别在粉尘云浓度为 750g/m³ 和 375g/m³ 下爆炸前后的 SEM 图像。从图 5-11 中观察到，对于 27.28μm 铁粉尘而言，爆炸前微米铁粉尘颗粒表面粗糙、凹凸不平，形状不均且较为分散，爆炸后产物颗粒变小，还可以观察到爆炸产物为规则的近球形颗粒，且表面存在较多的黏结颗粒。而 167.5nm 铁粉尘在爆炸前表面光滑均匀，团聚现象明显，而爆炸后产物颗粒明显增大，表面较为粗糙，粘有细小颗粒，且颗粒与颗粒之间黏结较为紧密。结合表 5-8 可以发现，27.28μm 铁粉尘和 167.5nm 铁粉尘中主要元素含量(Fe、O、C)发生了变化。27.28μm 铁粉尘中 Fe 元素含量从 88.40%下降到 65.81%，下降了 22.59 个百分点，O 元素含量从 3.75%上升到 30.65%，增加了 7.17 倍，C 元素含量从 7.84%下降到 3.53%，下降了 4.31 个百分点；167.5nm 铁粉尘中 Fe 元素含量从 94.16%下降到 70.75%，下降了 23.41 个百分点，O 元素含量从 1.77%上升到 27.41%，增加了 14.49 倍，C 元素含量从 4.07%下降到 1.84%，下降了 2.23 个百分点。对比可知，27.28μm 铁粉尘和 167.5nm 铁粉尘中 Fe 元素和 C 元素爆炸前后含量变化幅度相差不大，而对于 O 元素来说，167.5nm 铁粉尘爆炸前后的变化幅度远远大于 27.28μm 铁粉尘。从图 5-11 中可以看到铁粉尘在反应前后元素分布变化情况。

表 5-8　爆炸前后铁粉尘表面的 EDS 分析

样品	主要元素含量/%		
	Fe	O	C
27.28μm 铁粉尘(爆炸前)	88.40	3.75	7.84
27.28μm 铁粉尘(爆炸后)	65.81	30.65	3.53
167.5nm 铁粉尘(爆炸前)	94.16	1.77	4.07
167.5nm 铁粉尘(爆炸后)	70.75	27.41	1.84

5.3　铁粉尘爆炸的抑制实验

　　选用 ABC 粉和 MCA 粉作为抑制铁粉尘爆炸的惰性粉体，实验前在 40℃鼓风干燥箱中对 ABC 粉和 MCA 粉进行干燥 12h。研究得到 27.28μm 铁粉尘和 167.5nm 铁粉尘的最危险爆炸浓度分别为 750g/m³ 和 375g/m³，本节将此组作为对照组。在 27.28μm 铁粉尘和 167.5nm 铁粉尘中分别加入不同质量的 ABC 粉和 MCA 粉，然后均匀混合。利用 20L 球形爆炸罐实验系统，对加入抑爆剂后的铁粉尘进行实验测试，分析 ABC 粉和 MCA 粉对微纳米铁粉尘最大爆炸压力、最大爆炸压力上升速率和爆炸指数的影响。

5.3.1　ABC 粉抑制铁粉尘爆炸实验结果

分别向浓度为 750g/m³ 的 27.28μm 铁粉尘中和 375g/m³ 的 167.5nm 铁粉尘中加入 50g/m³、100g/m³、150g/m³、200g/m³、250g/m³、300g/m³、350g/m³、400g/m³ 的 ABC 粉，得到爆炸参数见表 5-9。

表 5-9　添加不同浓度的 ABC 粉时铁粉尘的爆炸参数

铁粉尘粒径	铁粉尘云浓度/(g/m³)	ABC 粉浓度/(g/m³)	ABC 粉质量分数/%	P_{max}/MPa	$(dP/dt)_{max}$/(MPa/s)	K_{st}/(MPa·m/s)
27.28μm	750	0	0	0.39	20.63	5.60
27.28μm	750	50	6.25	0.41	29.65	8.05
27.28μm	750	100	11.76	0.32	12.89	3.50
27.28μm	750	150	16.67	0.28	3.87	1.05
27.28μm	750	200	21.05	0.049	2.58	0.70
167.5nm	375	0	0	0.56	46.41	12.24
167.5nm	375	50	11.76	0.60	58.01	15.75
167.5nm	375	100	21.05	0.57	43.83	11.90
167.5nm	375	150	28.57	0.50	38.67	10.50
167.5nm	375	200	34.78	0.44	27.07	7.35
167.5nm	375	250	40.00	0.38	11.6	3.15
167.5nm	375	300	44.44	0.26	5.16	1.40
167.5nm	375	350	48.28	0.14	5.16	1.40
167.5nm	375	400	51.61	0.076	2.58	0.70

从表 5-10 中可以看出，相对于纯铁粉尘的爆炸，加入 ABC 粉后，粉尘的最大爆炸压力、最大爆炸压力上升速率和爆炸指数均有所变化。当加入 50g/m³ABC 粉时，27.28μm 铁粉尘和 167.5nm 铁粉尘最大爆炸压力和最大爆炸压力上升速率都略微增大，27.28μm 铁粉尘最大爆炸压力增大了 5.13%，最大爆炸压力上升速率增大了 43.72%；167.5nm 铁粉尘最大爆炸压力增大了 7.14%，最大爆炸压力上升速率增大了 24.99%。当 ABC 粉的浓度达到 100g/m³ 时，27.28μm 铁粉的最大爆炸压力和最大爆炸压力上升速率开始随着 ABC 粉浓度的升高而迅速减小，最大爆炸压力减小了 21.95%，最大爆炸压力上升速率减小了 56.53%；而此时 167.5nm 铁粉尘最大爆炸压力上升速率也减小了 24.44%，但爆炸压力相较于纯铁粉爆炸还处于增大状态，增大了 1.79%。当加入的 ABC 粉浓度大于 150g/m³ 时，27.28μm 铁粉尘和 167.5nm 铁粉尘的最大爆炸压力和最大爆炸压力上升速率都随着 ABC 粉浓度的增大而减小。当加入 150g/m³ABC 粉时，27.28μm 铁粉尘最大爆炸压力相较加入 100g/m³ABC 粉时减小了 12.5%，最大爆炸压力上升速率也减小了 69.98%；

167.5nm 铁粉尘最大爆炸压力相较加入 100g/m³ABC 粉时减小了 12.28%，最大爆炸压力上升速率也减小了 11.77%。相比之下，ABC 粉对铁粉尘的最大爆炸压力上升速率影响较大。当 ABC 粉浓度达到 200g/m³ 时，27.28μm 铁粉尘的最大爆炸压力小于 0.1MPa，即添加 ABC 粉的质量分数达到 21.05%时，ABC 粉完全抑制了铁粉尘爆炸。而对于 167.5nm 的铁粉尘，当添加 ABC 粉浓度达到 400g/m³ 时，即 ABC 粉质量分数为 51.61%时，才完全抑制铁粉尘爆炸。说明需要更多的 ABC 粉才能抑制纳米铁粉尘爆炸。

图 5-12 为添加不同浓度的 ABC 粉时，铁粉尘自点火后的爆炸压力曲线。

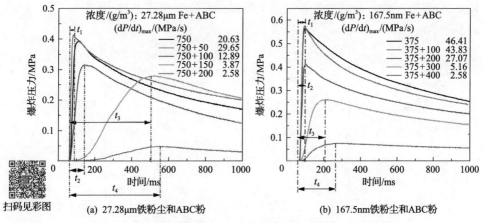

扫码见彩图

(a) 27.28μm铁粉尘和ABC粉　　　　(b) 167.5nm铁粉尘和ABC粉

图 5-12　添加不同浓度的 ABC 粉时铁粉尘的爆炸压力曲线图

从图 5-12 分析可知，当添加了少量的 ABC 粉，27.28μm 铁粉尘和 167.5nm 铁粉尘的爆炸压力上升速率，比纯铁粉尘更快，进入压力上升区的时间明显缩短，燃烧时间 t_b（对应图 5-12 中的 $t_1\sim t_4$）也略微缩短。这说明加入 ABC 粉后，铁粉尘爆炸感应速度变快，这可能是因为干燥的 ABC 粉容易流动，分散性较强，铁粉尘与其混合后，铁粉尘分布得更加均匀，与氧气的接触面积更大，更容易发生燃烧，加上少量的 ABC 粉受热发生分解会释放热量，会导致爆炸罐中的温度升高，从而加速铁粉尘的燃烧。当 ABC 粉的浓度继续增大后，铁粉尘的燃烧时间不断延长。这是因为 ABC 粉受热分解会生成水和氨气，降低空气中的氧气含量，从而导致 t_b 的延长。将添加不同浓度的 ABC 粉的铁粉尘燃烧时间整理见表 5-10。从表 5-10 中可以看出，对于 27.28μm 铁粉，当 ABC 粉的浓度为 50g/m³ 时，t_b 缩短了 40.48%，之后随着 ABC 粉浓度的增大，t_b 也逐渐延长；当 ABC 粉浓度为 200g/m³ 时，相较于纯铁粉尘，粉尘的 t_b 延长了 10 倍多。对于 167.5nm 铁粉尘，当 ABC 粉浓度在 150g/m³ 以内时，较纯铁粉尘来说，铁粉尘的 t_b 都缩短了，分别缩短了 25.96%、11.11%、3.70%。当 ABC 浓度大于 150g/m³ 以后，铁粉尘的 t_b 开始大于纯铁粉尘，当 ABC 粉浓度达到 400g/m³ 时，铁粉尘的 t_b 为 194ms，t_b 延长了约 6 倍。

表 5-10　添加不同浓度的 ABC 粉时铁粉尘的燃烧时间

	添加 ABC 粉浓度/(g/m³)								
	0	50	100	150	200	250	300	350	400
27.28μm 铁粉尘燃烧时间 t_b/ms	42	25	70	450	478				
167.5nm 铁粉尘燃烧时间 t_b/ms	27	20	24	26	30	127	138	186	194

为更好地对比 ABC 粉对 27.28μm 铁粉尘和 167.5nm 铁粉尘的抑爆情况，将添加不同浓度 ABC 粉时铁粉尘的最大爆炸压力绘制成图 5-13。

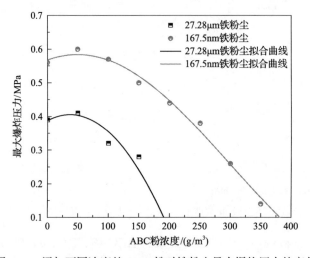

图 5-13　添加不同浓度的 ABC 粉时铁粉尘最大爆炸压力的变化

对图 5-13 中数据进行拟合，得出浓度为 750g/m³ 的 27.28μm 铁粉尘中和 375g/m³ 的 167.5nm 铁粉尘中，添加不同浓度的 ABC 粉时铁粉尘的最大爆炸压力发生变化的拟合公式。

27.28μm 铁粉尘：

$$P_{\max} = -1.29143 \times 10^{-5} \times C_2^2 + 9.58857 \times 10^{-4} \times C_2 + 0.38763 \tag{5-5}$$

$$R^2 = 0.92925$$

167.5nm 铁粉尘：

$$P_{\max} = -0.23332 + 0.8173 e^{-0.5\left(\frac{C_2 - 49.38367}{248.18098}\right)^2} \tag{5-6}$$

$$R^2 = 0.99058$$

式中：P_{max} 为铁粉尘最大爆炸压力；C_2 为 ABC 粉浓度。

将添加不同浓度 ABC 粉时铁粉尘的最大爆炸压力上升速率绘制成图 5-14。

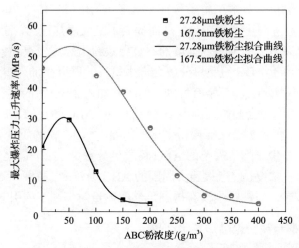

图 5-14　添加不同浓度的 ABC 粉时铁粉尘最大爆炸压力上升速率的变化

对图 5-14 中数据进行拟合,得出浓度为 750g/m³ 的 27.28μm 铁粉尘中和 375g/m³ 的 167.5nm 铁粉尘中添加不同浓度的 ABC 粉时铁粉尘的最大爆炸压力上升速率的拟合公式。

27.28μm 铁粉尘：

$$(dP/dt)_{max} = 2.6987 + 27.71354e^{-0.5\left(\frac{C_2 - 39.79374}{42.6712}\right)^2} \tag{5-7}$$

$$R^2 = 0.99956$$

167.5nm 铁粉尘：

$$(dP/dt)_{max} = 2.07484 + 51.24557e^{-0.5\left(\frac{C_2 - 52.84916}{113.27344}\right)^2} \tag{5-8}$$

$$R^2 = 0.96835$$

式中：$(dP/dt)_{max}$ 为铁粉尘最大爆炸压力上升速率；C_2 为 ABC 粉浓度。

从图 5-13 和图 5-14 中可以看出,随着 ABC 粉浓度的增大,最大爆炸压力和最大爆炸压力上升速率都先增大后减小,说明当 ABC 粉的添加量较少时对铁粉尘爆炸有增强作用。关于抑爆剂或灭火剂导致爆炸压力上升的现象在前人的研究中早有报道。Amyotte 等[49]研究了磷酸二氢铵对铝粉尘和聚乙烯粉尘爆炸的抑制作用,当磷酸二氢铵浓度较低时会导致最大爆炸压力升高,并将其定义为抑爆剂增强爆炸参数的现象，其可能是抑爆剂受热分解导致的。当添加 ABC 粉的量不够时，ABC 粉难以阻隔铁粉尘颗粒之间传递热量，铁粉周围热量逐渐升高。当 ABC 粉吸收空气中的热量后分解产生了氨气。氨气作为可燃气体，当它在空气中的浓度处于 16.1%～25% 时会产生爆炸，从而提高了最大爆炸压力。了解 SEEP 现象[①]是很重要的，可以防止因为添加抑爆剂不足导致粉尘爆炸严重现象。

　　综上分析，由于 ABC 粉受热分解会产生氨气，所以当加入少量 ABC 粉后，铁粉尘的 P_{max} 和 $(dP/dt)_{max}$ 都略有增加。但随着加入 ABC 粉的质量逐步增多铁粉尘的 P_{max} 和 $(dP/dt)_{max}$ 会开始逐渐减小。当加入的 ABC 粉足够多时，ABC 粉将会抑制铁粉尘爆炸，抑制 27.28μm 铁粉尘爆炸需要的 ABC 粉的质量分数为 21.05%，抑制 167.5nm 铁粉尘爆炸所需要的 ABC 粉质量分数为 51.61%。ABC 粉的加入降低了铁粉尘的质量浓度，使点火药头周围的 ABC 粉较多，隔断了点火药头与铁粉尘之间的热量传递，当铁粉尘没有得到足够的热量时，则不能引起爆炸。

5.3.2　MCA 粉抑制铁粉尘爆炸实验结果

　　分别向浓度为 750g/m³ 的 27.28μm 铁粉尘中和 375g/m³ 的 167.5nm 铁粉尘中加入 50g/m³、100g/m³、125g/m³、150g/m³、200g/m³、250g/m³、300g/m³ 的 MCA 粉，得到爆炸参数见表 5-11。

表 5-11　添加不同浓度的 MCA 粉时铁粉尘的爆炸参数

铁粉尘粒径	铁粉尘云浓度/(g/m³)	MCA 浓度/(g/m³)	MCA 质量分数/%	P_{max}/MPa	$(dP/dt)_{max}$/(MPa/s)	K_{st}/(MPa·m/s)
27.28μm	750	0	0	0.39	20.63	5.60
27.28μm	750	50	6.25	0.40	19.34	5.25
27.28μm	750	100	11.76	0.25	12.89	3.50
27.28μm	750	125	14.29	0.17	5.18	1.41
27.28μm	750	150	16.67	0.046	2.58	0.70
167.5nm	375	0	0	0.56	46.41	12.24
167.5nm	375	50	11.76	0.58	43.83	11.90
167.5nm	375	100	21.05	0.52	34.80	9.45
167.5nm	375	150	28.57	0.46	30.94	8.40
167.5nm	375	200	34.78	0.37	15.46	4.20
167.5nm	375	250	40.00	0.28	5.16	1.40
167.5nm	375	300	44.44	0.038	2.58	0.7

　　从表 5-11 中可以看出，加入 MCA 粉后，铁粉尘的 P_{max} 也呈现出先增大后减

---

① SEEP 现象为加入少量抑爆剂后，抑爆剂分解产生的某些基团使可燃粉尘的某些爆炸特性增强的现象。

小的趋势，而 $(dP/dt)_{max}$ 和 K_{st} 随着 MCA 粉浓度的增大而减小。当加入 MCA 粉的浓度为 50g/m³ 时，27.28μm 铁粉尘和 167.5nm 铁粉尘 P_{max} 分别增大了 2.56% 和 3.57%，$(dP/dt)_{max}$ 分别减小了 6.25% 和 5.56%。之后随着 MCA 浓度的增大，铁粉尘的 P_{max} 和 $(dP/dt)_{max}$ 都逐渐减小。当 27.28μm 铁粉尘中加入 MCA 粉的浓度分别为 100g/m³、125g/m³ 时，铁粉尘 P_{max} 分别下降了 37.5%、32%；$(dP/dt)_{max}$ 分别下降了 33.35%、59.81%，当加入 MCA 粉浓度达到 150g/m³ 时，即添加 MCA 粉的质量分数达到 16.67% 时，MCA 粉完全抑制了 27.28μm 铁粉尘爆炸。当在 167.5nm 铁粉尘中加入 MCA 粉的浓度分别为 100g/m³、150g/m³、200g/m³、250g/m³ 时，铁粉尘 P_{max} 分别下降了 10.34%、11.54%、19.57%、24.32%，下降幅度逐渐增大；$(dP/dt)_{max}$ 分别下降了 20.60%、11.09%、50.03%、66.62%。当加入 MCA 粉浓度达到 300g/m³ 时，即添加 MCA 粉的质量分数为 44.44% 时，MCA 粉完全抑制了纳米铁粉尘爆炸。这说明 MCA 粉可以抑制铁粉尘爆炸，MCA 粉是一种有腻感的白色晶体，它附着在铁粉尘上，不仅能增大铁粉尘粒径而且能阻隔铁粉尘之间的热量传递。

图 5-15 为添加不同浓度的 MCA 粉时，铁粉尘自点火后的爆炸压力曲线。

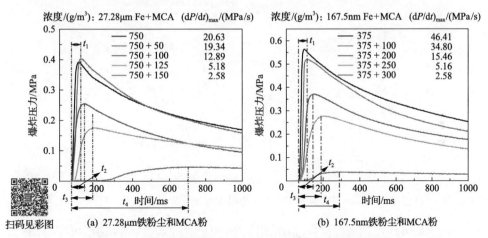

(a) 27.28μm铁粉尘和MCA粉　　　　　(b) 167.5nm铁粉尘和MCA粉

图 5-15　添加不同浓度的 MCA 粉时铁粉尘的爆炸压力曲线

由图 5-15 可以看出，随着添加 MCA 粉的浓度增大，27.28μm 铁粉尘和 167.5nm 铁粉尘的燃烧时间 t_b 都逐渐延长。主要是因为 MCA 粉燃烧时能释放气体，降低空气中的氧含量，从而导致 t_b 延长。对比图 5-15 中曲线可知，MCA 粉对 27.28μm 铁粉尘和 167.5nm 铁粉尘的燃烧时间 t_b 有不同程度的影响。将添加不同浓度的 MCA 粉时铁粉尘燃烧时间整理见表 5-12。从表 5-12 中可以看出，对于 27.28μm 铁粉尘，当 MCA 粉的浓度分别为 50g/m³、100g/m³、125g/m³ 时，t_b 分别延长了 11.90%、27.66%、73.33%，时间延长幅度逐渐增大。当 MCA 粉浓度为 150g/m³

时，相较于纯铁粉尘，铁粉尘的 t_b 延长了 12 倍多。对于 167.5nm 铁粉尘，当 MCA 粉的浓度分别为 50g/m³、100g/m³、125g/m³、150g/m³、200g/m³、250g/m³ 时，铁粉尘的 t_b 分别延长了 11.11%、20%、38.88%、42%、53.52%、3.67%。当 MCA 粉浓度为 300g/m³ 时，相较于纯铁粉尘，铁粉尘的 t_b 延长了 6 倍多。

表 5-12　添加不同浓度的 MCA 粉时铁粉尘燃烧时间

燃烧时间	添加 MCA 粉浓度/(g/m³)							
	0	50	100	125	150	200	250	300
27.28μm 铁粉尘燃烧时间 t_b/ms	42	47	60	104	576			
167.5nm 铁粉尘燃烧时间 t_b/ms	27	30	36	50	71	109	113	196

为更好地对比 MCA 粉对 27.28μm 铁粉尘和 167.5nm 铁粉尘的抑爆情况，将添加不同浓度 MCA 粉时铁粉尘的最大爆炸压力数据绘制成图 5-16。

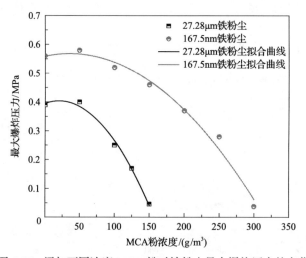

图 5-16　添加不同浓度 MCA 粉时铁粉尘最大爆炸压力的变化

对图 5-16 中数据进行拟合，得出浓度为 750g/m³ 的 27.28μm 铁粉尘中和 375g/m³ 的 167.5nm 铁粉尘中，添加不同浓度的 MCA 粉时铁粉尘的最大爆炸压力的拟合公式。

27.28μm 铁粉尘：

$$P_{max} = -2.14567 \times 10^{-5} \times C_3^2 + 8.63582 \times 10^{-4} \times C_3 + 0.39507 \tag{5-9}$$

$$R^2 = 0.98736$$

167.5nm 铁粉尘：

$$P_{max} = -7.2381 \times 10^{-5} \times C_3^2 + 5.17143 \times 10^{-4} \times C_3 + 0.55881 \tag{5-10}$$

$$R^2 = 0.97798$$

式中：P_{max} 为铁粉尘最大爆炸压力；C_3 为 MCA 粉浓度。

将添加不同浓度 MCA 粉时铁粉尘的最大爆炸压力上升速率数据绘制成图 5-17。

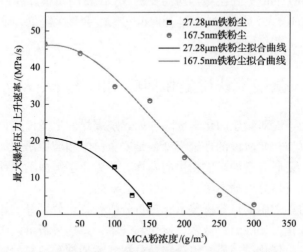

图 5-17　添加不同浓度 MCA 粉时铁粉尘最大爆炸压力上升速率的变化

对图 5-17 中数据进行拟合，得出浓度为 750g/m³ 的 27.28μm 铁粉尘中和 375g/m³ 的 167.5nm 铁粉尘中，添加不同浓度的 MCA 粉时铁粉尘的最大爆炸压力上升速率的拟合公式。

27.28μm 铁粉尘：

$$(dP/dt)_{max} = -8.47693 \times 10^{-4} \times C_3^2 + 0.00274 \times C_3 + 3.50025 \qquad (5\text{-}11)$$

$$R^2 = 0.94703$$

167.5nm 铁粉尘：

$$(dP/dt)_{max} = -6.6157 + 52.67862e^{-0.5\left(\frac{C_3-8.9659}{148.63238}\right)^2} \qquad (5\text{-}12)$$

$$R^2 = 0.96909$$

式中：$(dP/dt)_{max}$ 为铁粉尘最大爆炸压力上升速率；C_3 为 MCA 粉浓度。

从图 5-16 和图 5-17 中可以看出，随着 MCA 粉浓度的增大，铁粉尘的最大爆炸压力也先增大后减小，发生了 SEEP 现象。主要是因为 MCA 粉分解会生成三聚氰胺，三聚氰胺吸热继续分解产生氨气，从而增大爆炸压力。

综上分析，27.28μm 和 167.5nm 铁粉尘中加入 MCA 粉后，铁粉尘的 P_{max} 和

$(\mathrm{d}P/\mathrm{d}t)_{\max}$ 均明显下降，说明 MCA 粉对铁粉尘的爆炸有明显的抑制效果，MCA 粉是一种有腻感的白色晶体，它附着在铁粉尘上，能增大铁粉尘粒径并阻隔铁粉尘之间的热量传递。抑制 27.28μm 铁粉尘爆炸需要的 MCA 粉的质量分数为 16.67%，抑制 167.5nm 铁粉尘爆炸所需要的 MCA 粉的质量分数为 44.44%。随着 MCA 粉加入量的增大，铁粉尘的 $P_{\max}$ 和 $(\mathrm{d}P/\mathrm{d}t)_{\max}$ 会显著降低，即 MCA 粉越多，对铁粉尘爆炸的抑制作用越明显。

5.4　微纳米铁粉尘和抑爆剂的热分析动力学

热分析动力学能对物质的化学危险性如燃烧爆炸发生条件进行评价，并确定可燃物在燃烧爆炸初始阶段的理论模型，是安全科学领域中研究火灾爆炸灾变过程的重要手段。要研究微纳米铁粉尘的爆炸，首先要了解微纳米铁粉尘的燃烧性能，因此对其进行热分析动力学研究是很有必要的。

热分析动力学常用的热分析技术有热重分析、差热分析等。热重分析可以研究晶体性质的变化，如吸附、蒸发、熔化和升华；差热分析可以研究热稳定性、分解过程、脱水、氧化、还原、组分定量分析、添加剂和填料的影响以及反应动力学等化学现象。在此基础上，本章采用热重分析研究铁粉尘和抑爆剂的热分析动力学。主要目的是研究铁粉尘的燃烧特性及抑爆剂对铁粉尘燃烧反应活化能、指前因子及反应机理的影响。

5.4.1　动力学理论基础及分析方法

动力学参数包括最概然机理函数 $f(\alpha)$、活化能 E_1 和指前因子 A。

最概然机理函数描述化学反应机理，表示化学反应的类型。活化能是指分子从常态转变为容易发生化学反应的活跃状态所需要的能量。一个化学反应的速率通常与活化能相联系，活化能的数值越高，说明发生该化学反应所需要的最小能量越多，则反应越难发生、化学反应速率越小。指前因子是一个常数，由化学反应本身的特性决定，与反应物浓度、化学反应的压力和温度等因素无关，也无明确物理意义。

铁粉尘在空气中的热解反应过程可以表示为

$$A(s) \longrightarrow B(s) \tag{5-13}$$

化学反应速率可表示如下。

微分形式：

$$\frac{\mathrm{d}\alpha}{\mathrm{d}t} = Kf(\alpha) \tag{5-14}$$

积分形式：

$$G(\alpha) = Kt \tag{5-15}$$

式中：t 为时间；α 为 t 时刻铁粉尘的增重百分数，即反应转化率；K 为反应速率常数，通常依赖于热力学温度 T；$f(\alpha)$ 为微分形式的化学反应动力学机理函数；$G(\alpha)$ 为积分形式的化学反应动力学机理函数。

微分形式与积分形式可以相互转化：

$$f(\alpha) = \frac{1}{G(\alpha)} = d[G(\alpha)] / d(\alpha) \tag{5-16}$$

假设 K 与 t 之间符合阿伦尼乌斯方程，即

$$K = Ae^{-E_1/(RT)} \tag{5-17}$$

式中：A 为指前因子；E_1 为活化能，J/mol；R 为气体常数，为 8.314J/(mol·K)。

升温速率 $\beta = \dfrac{dT}{dt}$，单位为 ℃/min。

在非定温条件下，

$$T = T_0 + \beta t \tag{5-18}$$

联立式(5-16)和式(5-17)可得到反应动力学基本方程：

$$\frac{d\alpha}{dT} = \frac{A}{\beta} e^{-E_1/(RT)} f(\alpha) \tag{5-19}$$

对式(5-21)在区间[0,α]和[T_0,T]内进行积分，可以得到

$$\int_0^{\alpha} \frac{d\alpha}{f(\alpha)} = \frac{A}{\beta} \int_{T_0}^{T} e^{-E_1/(RT)} dT \tag{5-20}$$

基于上述反应动力学基本方程式，通过 Coats-Redfern 法研究微纳米铁粉尘的热分析动力学，其方程如下：

$$\ln \frac{G(\alpha)}{T^2} = \ln \frac{AR}{\beta E_1} - \frac{E_1}{RT} \tag{5-21}$$

将表 5-13 中最常见的 27 种反应机理函数的积分形式 $G(\alpha)$ 和微分形式 $f(\alpha)$ 代入式(5-21)以 $\dfrac{1}{T}$ 为自变量，以 $\ln \dfrac{G(\alpha)}{T^2}$ 为因变量，作 $\ln \dfrac{G(\alpha)}{T^2}$ - $\dfrac{1}{T}$ 直线图，得出直

线斜率为 $-\dfrac{E_1}{R}$，截距为 $\ln\dfrac{AR}{\beta E_1}$，则可分别计算得出活化能 E_1 和指前因子 A。选择 $f(\alpha)$ 时，要求拟合直线的相关性 $R^2>0.98$。

表 5-13　固相反应中最常见反应机理函数的代数表达式

	机理及模型	符号	$f(\alpha)$	$G(\alpha)$
扩散机理	抛物线法则（一维扩散）	D1	$1/2\alpha$	α^2
	Valensi 方程（二维扩散）	D2	$[-\ln(1-\alpha)]^{-1}$	$(1-\alpha)\ln(1-\alpha)+\alpha$
	Jander 方程（三维扩散）	D3	$(2/3)(1-\alpha)^{2/3}[1-(1-\alpha)^{1/3}]$	$[1-(1-\alpha)^{1/3}]^2$
	Ginstling-Brounshtein 方程（三维扩散）	D4	$(3/2)[(1-\alpha)^{-1/3}-1]^{-1}$	$1-2\alpha/3-(1-\alpha)^{2/3}$
	反 Jander 方程（三维扩散）	D5	$(3/2)(1+\alpha)^{2/3}[(1+\alpha)^{1/3}-1]^{-1}$	$[(1+\alpha)^{1/3}-1]^2$
	Zhurlev-Lesokin-Tempelman 方程（三维扩散）	D6	$(3/2)(1-\alpha)^{4/3}[(1-\alpha)^{-1/3}-1]^{-1}$	$[(1-\alpha)^{-1/3}-1]^2$
随机成核和随后成长机理	Avarami-Erofeev 方程；$n=2/3$	A1	$(3/2)(1-\alpha)[-\ln(1-\alpha)]^{1/3}$	$[-\ln(1-\alpha)]^{2/3}$
	Avarami-Erofeev 方程；$n=1/2$	A2	$2(1-\alpha)[-\ln(1-\alpha)]^{1/2}$	$[-\ln(1-\alpha)]^{1/2}$
	Avarami-Erofeev 方程；$n=1/3$	A3	$3(1-\alpha)[-\ln(1-\alpha)]^{2/3}$	$[-\ln(1-\alpha)]^{1/3}$
	Avarami-Erofeev 方程；$n=1/4$	A4	$4(1-\alpha)[-\ln(1-\alpha)]^{4/3}$	$[-\ln(1-\alpha)]^{1/4}$
	Avarami-Erofeev 方程；$n=1$	A5	$1-\alpha$	$-\ln(1-\alpha)$
	Avarami-Erofeev 方程；$n=2$	A6	$1/2(1-\alpha)[-\ln(1-\alpha)]^{-1}$	$[-\ln(1-\alpha)]^2$
	Avarami-Erofeev 方程；$n=3$	A7	$1/3(1-\alpha)[-\ln(1-\alpha)]^{-2}$	$[-\ln(1-\alpha)]^3$
	Avarami-Erofeev 方程；$n=4$	A8	$1/4(1-\alpha)[-\ln(1-\alpha)]^{-3}$	$[-\ln(1-\alpha)]^4$
相边界反应机理	一维相边界反应	R1	1	α
	二维相边界反应（面积）	R2	$2(1-\alpha)^{1/2}$	$1-(1-\alpha)^{1/2}$
	三维相边界反应（体积）	R3	$3(1-\alpha)^{2/3}$	$1-(1-\alpha)^{1/3}$
幂函数机理	Mampel Powder；$n=3/2$	P2	$(2/3)\alpha^{-1/2}$	$\alpha^{3/2}$
	Mampel Powder；$n=1/2$	P3	$2\alpha^{1/2}$	$\alpha^{1/2}$
	Mampel Powder；$n=1/3$	P4	$3\alpha^{2/3}$	$\alpha^{1/3}$
	Mampel Powder；$n=1/4$	P5	$4\alpha^{3/4}$	$\alpha^{1/4}$
化学反应机理	一级化学反应	F1	$1-\alpha$	$-\ln(1-\alpha)$
	二级化学反应	F2	$(1-\alpha)^2$	$(1-\alpha)^{-1}-1$
	三级化学反应	F3	$(1-\alpha)^3$	$1/2(1-\alpha)^{-2}-1$
	四级化学反应	F4	$(1-\alpha)^4$	$1/3(1-\alpha)^{-3}-1$
	二级化学反应，减速形 a-t 曲线	F5	$(1-\alpha)^2$	$1/(1-\alpha)$
	二级化学反应，减速形 a-t 曲线	F6	$(1/2)(1-\alpha)^3$	$1/(1-\alpha)^2$

5.4.2　微纳米铁粉尘热行为

图 5-18 是在空气环境中微纳米铁粉尘热特性分析曲线，升温范围为室温至1100℃，加热速率为 10℃/min。

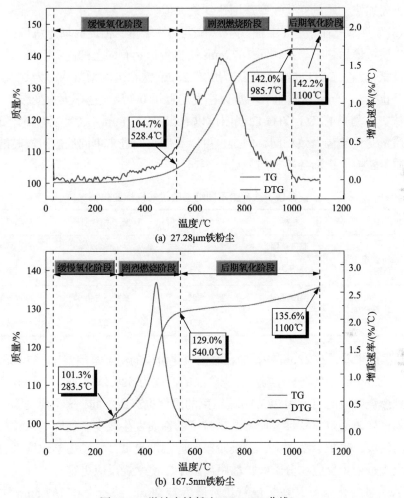

(a) 27.28μm铁粉尘

(b) 167.5nm铁粉尘

图 5-18　微纳米铁粉尘 TG-DTG 曲线

对比 27.28μm 铁粉尘和 167.5nm 铁粉尘 TG-DTG 曲线图可知，微纳米铁粉尘在空气中的燃烧过程可分为三个阶段。

（1）缓慢氧化阶段：在此阶段，由于周围温度较低，铁粉尘发生缓慢氧化反应，此时铁粉尘的增重速率较慢。从 TG 曲线中可看出，样品质量有较小程度的增加，主要原因是铁粉尘和空气中的某些物质生成无定形氧化铁。

(2)剧烈燃烧阶段：此时周围环境温度升高，而铁粉尘在前期也积攒了大量的热量，铁粉尘开始进行剧烈燃烧，此时 27.28μm 铁粉尘温度为 528.4℃，而 167.5nm 铁粉尘的温度约为 283.5℃，与前人得出的数据相近。从 TG 曲线中看出铁粉尘在此阶段开始迅速增重，混合物质量不断快速增加；从 DTG 曲线上可以看到反应速率也迅速加快，质量变化速率逐渐达到最大值。

(3)后期氧化阶段：TG 曲线中铁粉尘仍然增重，但此时增重缓慢，27.28μm 铁粉尘质量最后趋于稳定，而 167.5nm 铁粉尘仍然有向上的趋势，表明铁粉尘未完全被氧化；从 DTG 曲线上可以看出 27.28μm 铁粉尘的增重速率为 0，说明反应已经停止，167.5nm 铁粉尘的增重速率也趋近于 0，反应速率大大变缓。

从实验测得的 TG-DTG 曲线图可以看出，27.28μm 铁粉尘和 167.5nm 铁粉尘的质量变化趋势大致相同，但是也可以看出它们进入不同反应阶段时的温度范围和质量转换等指标各不相同，见表 5-14。

表 5-14 铁粉尘不同燃烧阶段的指标变化情况

样品	指标	缓慢氧化阶段	剧烈燃烧阶段	后期氧化阶段
27.28μm 铁粉尘	温度范围	室温～528.4℃	528.4～985.7℃	985.7～1100℃
	质量变化/%	4.7	35.4	0.2
167.5nm 铁粉尘	温度范围	室温～283.5℃	283.5～540.0℃	539.5～1100℃
	质量变化/%	1.3	27.7	6.6

从温度来看，27.28μm 铁粉尘在缓慢氧化阶段的温度范围要比 167.5nm 铁粉尘要长；27.28μm 铁粉尘进入剧烈燃烧阶段的温度为 528.4℃，而 167.5nm 铁粉尘进入剧烈燃烧阶段的温度为 283.2℃。结束的温度也有所不同，这主要是因为纳米粒子容易产生表面效应特性，使得纳米粒子的性质发生改变，所以纳米粒子化学性质更为活泼，也更容易着火，燃烧阶段对应温度更低。从动力学角度来看，纳米粒子反应过程中反应物分子间扩散距离减小，使燃烧反应更容易进行。

从质量变化来看，在缓慢氧化阶段，27.28μm 铁粉尘和 167.5nm 铁粉尘的质量变化都不大。当进入剧烈燃烧阶段，可以看到 27.28μm 铁粉尘的增重大于 167.5nm 铁粉尘，此时 27.28μm 铁粉尘增重已经基本完成，而 167.5nm 铁粉尘在后期氧化阶段还在继续增重。铁粉尘在空气中燃烧的反应方程式有 $4Fe + 3O_2 = 2Fe_2O_3$ 和 $3Fe + 4O_2 = Fe_3O_4$，当铁被氧化成 Fe_2O_3 时，如果铁粉尘完全燃烧则其增重应为 142.86%；当铁被氧化成 Fe_3O_4（Fe_3O_4 是 Fe_2O_3 和 FeO 的混合物）时，如果铁粉尘完全燃烧则其增重应为 138.10%。从图 5-18 中可以看到，27.28μm 铁粉尘在剧烈燃烧阶段完成后增重为 142.0%，接近于 142.86%；167.5nm 铁粉尘在剧烈燃烧阶段完成后增重为 129.0%，小于 138.10%。因此猜测 27.28μm 铁粉尘在空气中燃烧生成 Fe_2O_3，而 167.5nm 铁粉尘在空气中会发生剧烈反应，产生 Fe_3O_4，并且 167.5nm 铁粉尘在后期氧化阶段继续增重是因为 FeO 继续被氧化导致的。

采用多种微米铁粉的热性能参数来综合评价其在空气中的燃烧情况，见表 5-15。

表 5-15　27.28μm 铁粉尘和 167.5nm 铁粉尘在空气中的热性能参数

粒径	Δm/%	α/%	T_i/℃	$(\mathrm{d}m/\mathrm{d}t)_{max}$/(%/min)	$(\mathrm{d}m/\mathrm{d}t)_{mean}$/(%/min)	C_m/10^{-7}	S_1/10^{-11}
27.28μm	42.2	98.9	600	0.22	0.142	6.11	9.54
167.5nm	40.8	95.1	380	0.483	0.335	33.45	208.28

表 5-15 中，Δm 表示 TG 曲线上反应前后的样品质量差值(%)。α 表示整个反应阶段参与氧化反应的活性铁含量(%)，可通过 $4Fe + 3O_2 \stackrel{}{=\!=\!=} 2Fe_2O_3$ 计算得到。从表 5-15 可知，27.28μm 和 167.5nm 铁粉尘的 α 值相差不大。T_i 表示铁粉尘在空气中的着火温度，是表征铁粉尘在空气中被点燃难易程度的参量，在 TG 曲线上可通过切线法得到，如图 5-19 所示。在燃烧速率最大点处做切线，与增重开始时平行线的交点所对应的温度，是剧烈氧化阶段的外推起始温度。从表 5-15 中可看出，167.5nm 铁粉尘 T_i 远远低于 27.28μm 铁粉尘，而且所得的温度与表 5-3 中测得的粉尘云最低着火温度相差不大，说明在空气中 167.5nm 铁粉尘更容易被引燃。

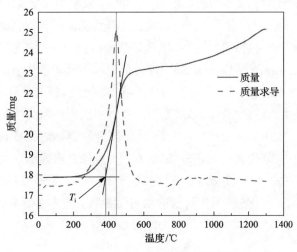

图 5-19　着火点温度确定示意图

仅用 α 和 T_i 两个参数难以全面评价微纳米铁粉尘的燃烧性能，因此还引入了可燃性指数(C_m)和燃烧特性指数(S_1)。

C_m 表示可燃性指数，定义为 $C_m = (dm/dt)_{max}/T_i^2$，$C_m$ 能够表征铁粉尘可燃性能的强弱，C_m 越大，可燃性能越强。

燃烧特性指数(S_1)是综合特性指标，能够综合反映铁粉尘的着火和燃烧特性。S_1 表示燃烧特性指数，定义为 $S_1 = (dm/dt)_{max}(dm/dt)_{mean}/(T_i^2 T_h)$，其中 T_h 为燃尽温度。S_1 越大，铁粉尘的燃烧特性越好。从表 5-15 中可以看出，167.5nm 铁粉尘的 C_m 值和 S_1 值都远远大于 27.28μm 铁粉尘，进一步表明了 167.5nm 铁粉尘更容易着火，着火特性更强，燃烧稳定性更强。

$(dm/dt)_{max}$ 表示剧烈燃烧阶段中燃烧速率的最大值，%/min，可通过 DTG 曲线得到。

$(dm/dt)_{mean}$ 表示平均燃烧速率，%/min，定义为可燃质与总燃烧时间之比，$(dm/dt)_{mean} = \dfrac{m_0\alpha}{(T_h - T_0)/\beta} = \dfrac{m_0\alpha\beta}{T_h - T_0}$，其中，$\beta$ 表示升温速率，℃/min；T_h 表示燃尽温度，本研究取剧烈燃烧阶段终止时的温度。

5.4.3　微纳米铁粉尘热分析动力学

图 5-20 给出了 10℃/min 升温速率下 27.28μm 铁粉尘和 167.5nm 铁粉尘热解氧化两步动力学过程对应不同机理函数的动力学曲线图。通过比较曲线的线性相关系数来确定具体线性拟合程度。代入不同动力学机理函数对 $\ln[G(\alpha)/T^2]$ 与 $1/T$ 线性拟合，并比较线性相关系数可以得出：27.28μm 铁粉尘缓慢氧化阶段遵循三维扩散机理模型(D5 模型)，符合反 Jander 方程，最概然机理函数为 $f(\alpha) = (3/2)(1+\alpha)^{2/3}[(1+\alpha)^{1/3}-1]^{-1}$，$G(\alpha) = [(1+\alpha)^{1/3}-1]^2$；剧烈燃烧阶段遵循三维扩散机理模型(D6 模型)，符合 Zhurlev-Lesokin-Tempelman 方程，最概然机理函数为 $f(\alpha) = (3/2)(1-\alpha)^{4/3}[(1-\alpha)^{-1/3}-1]^{-1}$，$G(\alpha) = [(1-\alpha)^{-1/3}-1]^2$。167.5nm 铁粉尘缓慢氧化阶段遵循三维扩散机理模型(D5 模型)，符合反 Jander 方程，最概然机理函数为 $f(\alpha) = (3/2)(1+\alpha)^{2/3}[(1+\alpha)^{1/3}-1]^{-1}$，$G(\alpha) = [(1+\alpha)^{1/3}-1]^2$；剧烈燃烧阶段遵循随机成核和随后成长机理模型(A8 模型)，符合 Avarami-Erofeev 方程，最概然机理函数为 $f(\alpha) = 1/4(1-\alpha)[-\ln(1-\alpha)]^{-3}$，$G(\alpha) = [-\ln(1-\alpha)]^4$。根据式(5-21)可以求得 27.28μm 铁粉尘和 167.5nm 铁粉尘在不同热解氧化阶段的动力学参数。进一步计算并统计 27.28μm 铁粉尘和 167.5nm 铁粉尘的热分析动力学参数，见表 5-16。

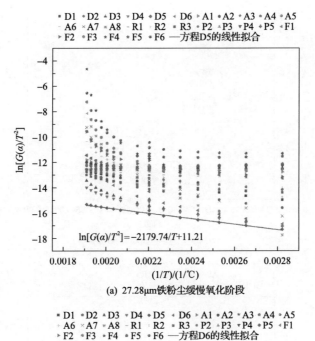

(a) 27.28μm铁粉尘缓慢氧化阶段

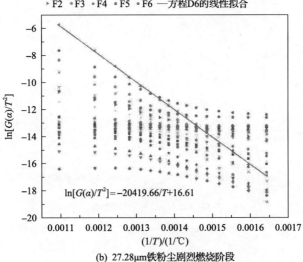

(b) 27.28μm铁粉尘剧烈燃烧阶段

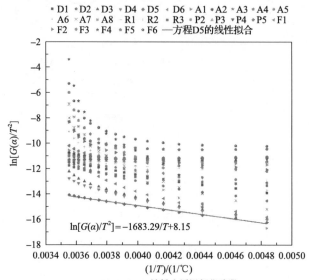

(c) 167.5nm铁粉尘缓慢氧化阶段

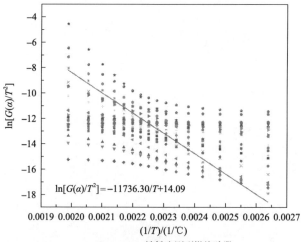

(d) 167.5nm铁粉尘剧烈燃烧阶段

图 5-20　不同机理函数的 $\ln[G(\alpha)/T^2]$ 与 $1/T$ 的曲线图

表 5-16　微纳米铁粉尘动力学参数计算结果

样品	反应阶段	活化能 E_1/(kJ/mol)	指前因子 A/s^{-1}	相关系数 R^2
27.28μm 铁粉尘	缓慢氧化阶段	18.11	1.61×10^9	0.98088
	剧烈燃烧阶段	169.69	3.34×10^{12}	0.99928

样品	反应阶段	活化能 E_1/(kJ/mol)	指前因子 A/s^{-1}	相关系数 R^2
167.5nm 铁粉尘	缓慢氧化阶段	14.00	5.83×10^7	0.99162
	剧烈燃烧阶段	97.53	1.54×10^{11}	0.98925

活化能越大，化学反应速率越慢。由表 5-16 可知，无论是 27.28μm 铁粉尘还是 167.5nm 铁粉尘，处于剧烈燃烧阶段的活化能和指前因子的数值都要大于缓慢氧化阶段的，这说明相比于缓慢氧化阶段，铁分子在剧烈燃烧阶段更难发生反应，需要获取更多的热量。而且，在剧烈燃烧阶段，颗粒之间的热辐射和热传递更快，导致有更多的铁粉参与反应，由此可知需要更多的能量才能支持将铁分子转换成活化分子。

27.28μm 铁粉尘在缓慢氧化阶段和剧烈燃烧阶段的活化能和指前因子都较大，表明微米铁粉尘的氧化反应比纳米铁粉尘更难进行，需要更多的能量支持微米铁粉尘。

取 ABC 粉进行热重实验，结果如图 5-21 所示。

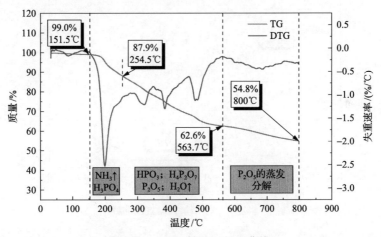

图 5-21　ABC 粉 TG-DTG 曲线

根据 ABC 粉的 TG-DTG 曲线，可以看出其热解过程共分为三个阶段。

(1)稳定阶段(室温至 151.5℃)：在此温度范围内，ABC 粉的质量几乎没有变化，此阶段主要进行粉体水分的解吸附。

(2)分解阶段(151.5～563.7℃)：随着温度的升高 ABC 粉内的主要成分磷酸二氢铵迅速分解成氨气和磷酸，$NH_4H_2PO_4 \longrightarrow H_3PO_4 + NH_3\uparrow$。此时 ABC 粉失重明显，失重速率达到最大值。当温度继续升高，物质继续失重，主要是磷酸分解。当温度继续升高达到 280℃，生成的磷酸开始脱水生成焦磷酸($H_4P_2O_7$)。若温度达到 400℃以上，焦磷酸继续脱水生成偏磷酸（HPO₃），加上部分的磷酸在高温下也脱水直接生成偏磷酸。温度再高时分子将失去全部水，生成五氧化二磷（P₂O₅）。

$$H_3PO_4 \longrightarrow H_4P_2O_7 + H_2O\uparrow\ (280℃)$$

$$H_4P_2O_7 \longrightarrow HPO_3 + H_2O\uparrow\ (400℃)$$

$$H_3PO_4 \longrightarrow HPO_3 + H_2O\uparrow\ (400℃)$$

$$H_3PO_4 \longrightarrow P_2O_5 + H_2O\uparrow\ (480℃)$$

由于五氧化二磷的熔点为 340℃，且在反应过程中，当温度达到 360℃时会发生升华，所以，在此阶段内五氧化二磷可能也通过蒸发和升华吸收周围热量。

（3）晶型转变阶段（563.7～800℃）：到此阶段，ABC 粉受热分解过程结束，进入晶型转变期，质量几乎不再发生变化。

对 MCA 粉进行热重实验，结果如图 5-22 所示。

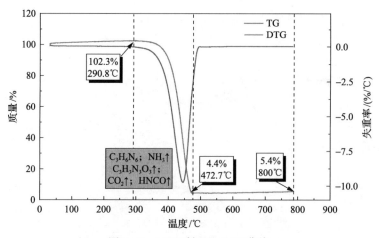

图 5-22　MCA 粉 TG-DTG 曲线

从 TG-DTG 曲线图上可以看出 MCA 粉的分解过程只有一个快速分解阶段，将 MCA 粉在空气中的加热过程分为三个阶段。

（1）稳定阶段（室温～290.8℃）：在此温度范围内，MCA 粉的质量稳定，几乎没有变化。

（2）分解阶段（290.8～472.7℃）：当温度升高到 290℃左右时，MCA 粉开始发生分解。首先，分解产生氰尿酸（C₃H₃N₃O₃）和三聚氰胺（C₃H₆N₆）。随着温度的升高达到 360℃左右时，氰尿酸继续分解成异氰酸（HNCO），当异氰酸遇到水分子在高温下反应生成二氧化碳和氨气。同时，三聚氰胺在高温下也在发生化学反应：

当温度小于 350℃时，三聚氰胺分解产生蜜白胺($C_6H_9N_{11}$)和氨气；当温度小于 450℃时，三聚氰胺分解产生蜜勒胺($C_6H_6N_{10}$)和氨气；当温度小于 600℃时，三聚氰胺分解产生氰尿酰胺($C_6H_3N_9$)和氨气。

$C_3H_3N_3O_3$ 的分解：

$$C_3H_3N_3O_3 \longrightarrow HNCO$$

$$HNCO+H_2O \longrightarrow CO_2+NH_3$$

$C_3H_6N_6$ 的分解：

$$2C_3H_6N_6 \longrightarrow C_6H_9N_{11} + NH_3\uparrow (<350℃)$$

$$2C_3H_6N_6 \longrightarrow C_6H_6N_{10} + 2NH_3\uparrow (<450℃)$$

$$2C_3H_6N_6 \longrightarrow C_6H_3N_9 + 3NH_3\uparrow (<600℃)$$

(3)分解结束阶段(472.7～800℃)：当温度达到 470℃左右时，MCA 粉的质量趋于稳定，失重速率也为 0，表明 MCA 粉分解完成。可以看到 MCA 粉仅有 5.4%左右质量的剩余产物，说明 MCA 粉在分解过程中主要产生气体产物。

从 MCA 粉热解的 TG-DTG 曲线图上可以看到在稳定阶段，MCA 粉的质量发生轻微上升，猜测可能是少量的蜜白胺与少量的氨气发生结合反应。

分别将 27.28μm 铁粉尘和 167.5nm 铁粉尘与 ABC 粉按照质量比 1∶1 充分混合后进行热重实验，得到的结果如图 5-23 所示。

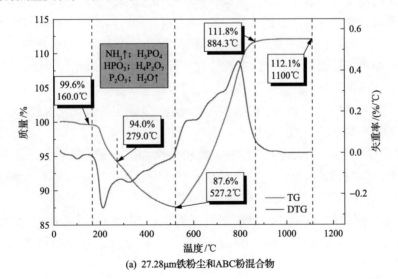

(a) 27.28μm铁粉尘和ABC粉混合物

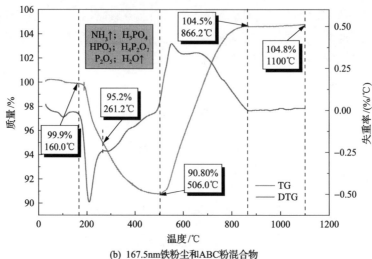

(b) 167.5nm铁粉尘和ABC粉混合物

图 5-23　微纳米铁粉尘和 ABC 粉混合物的 TG-DTG 曲线

根据测得的 TG-DTG 曲线，微纳米铁粉尘和 ABC 粉混合物的热解过程可以分为四个阶段。

(1)稳定阶段：铁粉尘和 ABC 粉混合物的质量呈稳定状态，几乎不发生变化，只存在少量的粉体水分的解吸附。

(2)分解阶段：在此阶段主要是 ABC 粉内的主要成分磷酸二氢铵发生分解反应，分解生成氨气和磷酸，化学反应方程式为 $NH_4H_2PO_4 \longrightarrow H_3PO_4 + NH_3\uparrow$。反应后生成的磷酸继续脱水生成焦磷酸、偏磷酸和五氧化二磷。假设在此阶段内仅发生了磷酸二氢铵分解，根据 ABC 粉的热分析可知，当铁粉尘和 ABC 粉以质量比为 1∶1 进行混合热解氧化时，理论上计算，混合粉尘在此阶段失重应为 18.2%。但从实验测得的数据中分析，混合粉尘的实际失重略小于理论计算值，分析猜想可能除了实验误差外，还发生了铁粉尘的缓慢氧化。

(3)剧烈燃烧阶段：ABC 粉基本分解完全，铁粉尘与氧气发生氧化反应，混合物的质量开始以较快的速率增长。

(4)后期氧化阶段：无论是 27.28μm 铁粉尘和 ABC 粉的混合粉尘还是 167.5nm 铁粉尘和 ABC 粉的混合粉尘，它们的质量在此阶段达到稳定值。167.5nm 铁粉尘在 ABC 粉的作用下，质量不再有向上的趋势。

从实验测得的 TG-DTG 曲线图可以看出，27.28μm 铁粉尘和 ABC 粉的混合物与 167.5nm 铁粉尘和 ABC 粉的混合物质量变化曲线趋势大致相同见表 5-17。

表 5-17　铁粉尘和 ABC 粉混合物在不同燃烧阶段的指标变化情况

样品	指标	稳定阶段	分解阶段	剧烈燃烧阶段	后期氧化阶段
27.28μm 铁粉尘和 ABC 粉	温度范围	室温~160.0℃	160.0~527.2℃	527.2~884.3℃	884.3~1100℃
	质量变化/%		−12.0	24.2	0.3
167.5nm 铁粉尘和 ABC 粉	温度范围	室温~160.0℃	160.0~506.0℃	506.0~886.2℃	886.2~1100℃
	质量变化/%		−9.1	13.7	0.3

从温度来看，在铁粉尘中加入 ABC 粉后，27.28μm 铁粉尘和 ABC 粉的混合粉尘与 167.5nm 铁粉尘和 ABC 粉的混合粉尘都没有出现氧化阶段。两种混合粉尘进入剧烈燃烧阶段的温度分别为 527.2℃和 506.0℃。27.28μm 铁粉尘在加入 ABC 粉前后进入剧烈燃烧阶段的温度差别不大；而 167.5nm 铁粉尘在加入 ABC 粉后，进入剧烈燃烧阶段的温度大大地升高了。从这一指标来看，加入 ABC 粉后，167.5nm 铁粉尘更难与空气发生氧化还原反应，说明 ABC 粉对铁粉尘有良好的阻化作用；而此时 ABC 粉对 27.28μm 铁粉尘并没有太大作用。但是，加入 ABC 粉后，27.28μm 铁粉尘在剧烈燃烧阶段持续的温度范围减小，缩短了燃烧时间；而对于 167.5nm 铁粉尘来说，在剧烈燃烧阶段所涉及的温度范围变大，说明铁粉尘的燃烧时间被延长了。

从质量变化来看，添加 ABC 粉后铁粉尘经过了 ABC 粉的分解阶段，无法与未加入 ABC 粉的铁粉尘质量变化进行对比，但是在剧烈燃烧阶段和后期氧化阶段其与未加入 ABC 粉的铁粉尘质量变化情况一致，可以对比这两个阶段中混合物的质量变化。对比图 5.18 和图 5.23 可知，27.28μm 铁粉尘和 ABC 粉的混合粉尘与 167.5nm 铁粉尘和 ABC 粉的混合粉尘的增重均明显变小，而且对于 167.5nm 铁粉尘，在剧烈燃烧阶段过后，167.5nm 铁粉尘的质量基本不发生变化，说明在剧烈燃烧阶段 167.5nm 铁粉尘已经全部反应完全。

分别将四个机理函数代入式(5-21)中，计算得出 27.28μm 铁粉尘和 ABC 粉混合物与 167.5nm 铁粉尘和 ABC 粉混合物的反应动力学参数，计算结果如图 5-24 和表 5-18 所示。

在铁粉尘中加入 ABC 粉后，由于 ABC 粉中的磷酸盐蒸发过程、分解过程(产生氨气)以及产物五氧化二磷的蒸发和升华过程造成混合物质量的大幅降低，在 TG 曲线上未显示铁粉尘的初始氧化阶段，所以无法判断铁粉尘是否发生初始氧化反应，也就无法判断是否是因为 ABC 粉的作用阻止了微米铁粉尘的初始氧化反应。但在剧烈燃烧阶段，当在 27.28μm 铁粉尘和 167.5nm 铁粉尘中加入 ABC 粉后，混合物活化能和指前因子明显要大于纯铁粉尘，说明加入 ABC 粉后，铁粉尘在

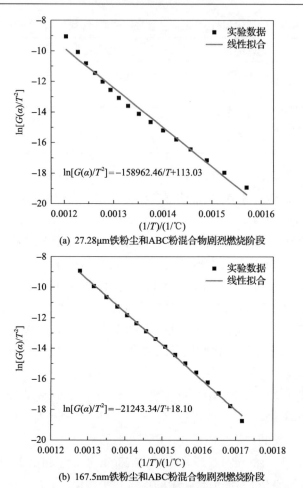

(a) 27.28μm铁粉尘和ABC粉混合物剧烈燃烧阶段

(b) 167.5nm铁粉尘和ABC粉混合物剧烈燃烧阶段

图 5-24　微纳米铁粉尘和 ABC 粉混合物的 $\ln[G(\alpha)/T^2]$ 与 $1/T$ 拟合直线

表 5-18　微纳米铁粉尘和 ABC 粉混合物动力学参数计算结果

样品	反应阶段	活化能 E_1/(kJ/mol)	指前因子 A/s^{-1}	相关系数 R^2
27.28μm 铁粉尘和 ABC 粉	缓慢氧化阶段			
	剧烈燃烧阶段	1320.97	1.95×10^{55}	0.98177
167.5nm 铁粉尘和 ABC 粉	缓慢氧化阶段			
	剧烈燃烧阶段	176.53	1.54×10^{13}	0.99761

剧烈燃烧阶段需要吸收更多的能量来进行氧化反应，从这一点可以说明 ABC 粉对铁粉尘的阻化作用显著。

　　分别将 27.28μm 铁粉尘和 167.5nm 铁粉尘与 MCA 粉按照质量比 1∶1 充分混合后进行热重实验，得到的结果如图 5-25 所示。

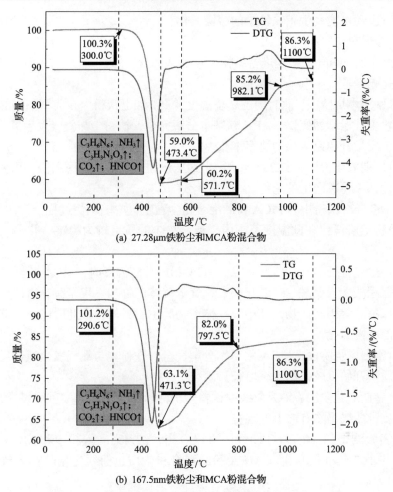

(a) 27.28μm铁粉尘和MCA粉混合物

(b) 167.5nm铁粉尘和MCA粉混合物

图 5-25　微纳米铁粉尘和 MCA 粉混合物的 TG-DTG 曲线

根据测得的 TG-DTG 曲线，将 27.28μm 铁粉尘与 MCA 粉的混合粉尘在空气中的燃烧过程分为五个阶段。

(1)稳定阶段：在此温度范围内，混合粉尘的质量较为稳定，几乎没有发生变化。

(2)分解阶段：当温度升高达到 MCA 粉的分解温度时，MCA 粉开始发生分解产生氰尿酸和三聚氰胺。随着温度的进一步升高，氰尿酸继续分解成异氰酸、二氧化碳和氨气；三聚氰胺分解产生蜜白胺、蜜勒胺、氰尿酰胺和氨气。假设在此阶段内仅发生了 MCA 粉的分解，根据 MCA 粉的热分析，当铁粉尘和 MCA 粉以质量比 1∶1 进行混合热解氧化时，理论上计算，混合粉尘在此阶段失重应为 49.0%。但从实验测得的数据中分析，混合粉尘的实际失重略小于理论计算值，所以在此阶段还可能发生了铁粉尘的缓慢氧化。

(3)缓慢氧化阶段：当 MCA 粉分解完毕后，此时还未达到 27.28μm 铁粉尘的燃烧温度，27.28μm 铁粉尘进行缓慢氧化，从 DTG 曲线上看此时失重速率较小，质量变化较慢。

(4)剧烈燃烧阶段：此时周围环境温度升高，加上铁粉尘在前期积攒的大量热量，铁粉尘开始剧烈燃烧，ABC 粉基本分解完全，铁粉尘与氧气发生氧化反应，混合粉尘质量开始以较快的速率增长。

(5)后期氧化阶段：27.28μm 铁粉尘的质量在此阶段达到稳定值，几乎不发生质量变化，不再有向上的趋势。

将 167.5nm 铁粉尘与 MCA 粉的混合粉尘在空气中的燃烧过程分为四个阶段。

(1)稳定阶段：在此温度范围内，混合粉尘的质量较为稳定，几乎没有发生变化。

(2)分解阶段：当温度升高达到 MCA 粉的分解温度时，MCA 粉开始发生分解产生氰尿酸、异氰酸、二氧化碳、氨气等气体产物和三聚氰胺、蜜白胺、蜜勒胺、氰尿酰胺等固态产物，其中以气体产物为主。另外，在此阶段还可能发生了铁粉尘的缓慢氧化。

(3)剧烈燃烧阶段：MCA 粉基本分解完全，铁粉尘与氧气发生氧化反应，混合粉尘质量开始以较快的速率增长。

(4)后期氧化阶段：TG 曲线中铁粉尘仍然增重，但此时增重缓慢，167.5nm 铁粉尘质量曲线仍然有向上的趋势。

从实验测得的 TG-DTG 曲线图可以看出，27.28μm 铁粉尘和 MCA 粉的混合粉尘与 167.5nm 铁粉尘和 MCA 粉的混合粉尘质量曲线变化趋势大致相同，见表 5-19。

表 5-19　微纳米铁粉尘和 MCA 粉混合物在不同燃烧阶段的指标变化情况

样品	指标	稳定阶段	分解阶段	缓慢氧化阶段	剧烈燃烧阶段	后期氧化阶段
27.28μm 铁粉尘和 MCA 粉	温度范围	室温～300.0℃	300.0～473.4℃	473.4～571.7℃	571.7～982.1℃	982.1～1100℃
	质量变化/%		−41.3	1.2	25	1.1
167.5nm 铁粉尘和 MCA 粉	温度范围	室温～290.6℃	290.6～471.3℃		471.3～797.5℃	797.5～1100℃
	质量变化/%		−38.1		18.9	4.3

从温度来看，在铁粉尘中加入 MCA 粉后，27.28μm 铁粉尘经过短暂的缓慢氧化阶段，进入剧烈燃烧阶段的温度为 571.7℃，相较于加入 MCA 粉之前的温度提高了。而 167.5nm 铁粉尘在加入 MCA 粉后没有出现氧化阶段，进入剧烈燃烧阶段

的温度大大地升高了。从这一指标来看，MCA 粉对 27.28μm 铁粉尘和 167.5nm 铁粉尘的缓慢氧化能起到良好的阻化作用。但是，加入 MCA 粉后，27.28μm 铁粉尘在剧烈燃烧阶段相应的温度范围缩小较小，对于 167.5nm 铁粉尘剧烈燃烧阶段的温度范围变大。

从质量变化来看，添加 MCA 粉后的铁粉尘经过了 MCA 粉的分解阶段，无法与未加入 MCA 粉的铁粉尘质量变化进行对比，但是在剧烈燃烧阶段和后期氧化阶段与未加入 MCA 粉的铁粉尘质量变化情况一致，可以对比这两个阶段中混合物的质量变化。对比图 5-18 和图 5-25，27.28μm 铁粉尘和 MCA 粉的混合粉尘与 167.5nm 铁粉尘和 MCA 粉的混合粉尘的增重均明显变小，说明阻燃作用明显。

27.28μm 铁粉尘和 MCA 粉混合物与 167.5nm 铁粉尘和 MCA 粉混合物的反应动力学参数，计算结果如图 5-26 和表 5-20 所示。

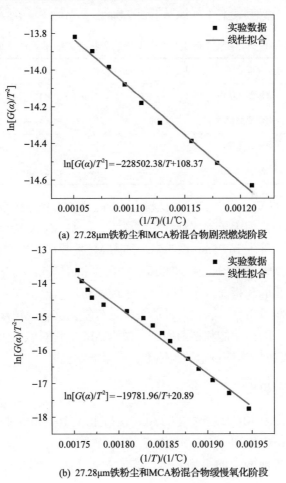

图中公式：
$$\ln[G(\alpha)/T^2] = -228502.38/T + 108.37$$

(a) 27.28μm铁粉尘和MCA粉混合物剧烈燃烧阶段

$$\ln[G(\alpha)/T^2] = -19781.96/T + 20.89$$

(b) 27.28μm铁粉尘和MCA粉混合物缓慢氧化阶段

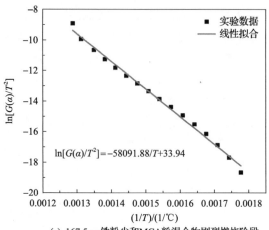

$$\ln[G(\alpha)/T^2] = -58091.88/T + 33.94$$

(c) 167.5nm铁粉尘和MCA粉混合物剧烈燃烧阶段

图 5-26　微纳米铁粉尘和 MCA 粉混合物的 $\ln[G(\alpha)/T^2]$ 与 $1/T$ 拟合直线

表 5-20　微纳米铁粉尘和 MCA 粉混合物动力学参数计算结果

样品	反应阶段	活化能 E_1/(kJ/mol)	指前因子 A/s^{-1}	相关系数 R^2
27.28μm 铁粉尘和 MCA 粉	缓慢氧化阶段	164.39	$2.34×10^{14}$	0.97929
	剧烈燃烧阶段	1898.85	$2.65×10^{53}$	0.98882
167.5nm 铁粉尘和 MCA 粉	缓慢氧化阶段			
	剧烈燃烧阶段	482.74	$3.19×10^{20}$	0.99295

　　分析表 5-20 可知，当 27.28μm 铁粉尘中加入 MCA 粉后，混合粉尘在缓慢氧化阶段的活化能和指前因子都比纯铁粉的要大，说明 MCA 粉能增加铁粉尘发生氧化反应的难度；而在 167.5nm 铁粉尘中加入 MCA 粉后，TG 曲线上未出现缓慢氧化阶段。在剧烈燃烧阶段，在 27.28μm 铁粉尘和 167.5nm 铁粉尘中加入 MCA 粉后，混合物活化能和指前因子明显要大于纯铁粉尘，说明加入 MCA 粉后，铁粉尘在剧烈燃烧阶段需要吸收更多的能量来进行氧化反应。MCA 粉的加入增加了铁粉尘反应过程中的活化能和指前因子，说明 MCA 粉对铁粉尘有很好的阻化作用。因此，MCA 粉用作铁粉尘的阻燃剂，效果非常显著。

5.4.4　抑爆剂抑制机理

　　基于 ABC 粉和 MCA 粉对 27.28μm 铁粉尘和 167.5nm 铁粉尘爆炸特性的影响，并结合 ABC 粉和 MCA 粉对 27.28μm 铁粉尘和 167.5nm 铁粉尘的燃烧特性、活化能和指前因子的影响分析，建立 ABC 粉和 MCA 粉对铁粉尘抑制机理模型。

对于 27.28μm 铁粉尘，其燃烧爆炸过程是：铁粉尘受热，其温度开始升高，部分铁粉尘开始发生熔融；当温度达到铁粉尘的沸点时，粒子表面熔融的液态分子转换为气态分子，在粒子周围形成可燃状态，当与空气接触后开始进行剧烈的氧化还原反应，产生火焰；并且颗粒与颗粒之间通过热辐射、热对流将能量范围不断扩大，致使反应中的可燃物不断增加；之后随着爆燃反应这样循环发生，致使反应速率不断加快，反应区域也不断增大，最后形成爆炸。而且，铁粉尘粒子悬浮在空气中运动会摩擦产生电火花，增加反应体系中的能量(图 5-27)。

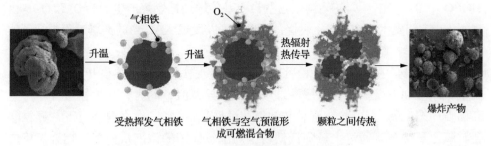

图 5-27　27.28μm 铁粉尘爆炸过程

对于 167.5nm 铁粉尘，其燃烧爆炸过程是：由于纳米铁粉尘容易发生团聚现象，当铁粉尘颗粒受热时，一部分粒径较小的颗粒在高温作用下直接进行气化并与氧气结合反应；另一部分纳米颗粒团在高温环境下，内部铁粉尘颗粒受热气化，导致纳米颗粒团体积膨胀，内部相互作用力急剧增大。由于内部相互作用力，铁粉尘颗粒团开始分裂，形成若干个小尺寸的颗粒团，然后这些小尺寸团聚颗粒继续吸热分解发生气化，产生的气体分散在粒子周围，遇到氧气开始剧烈的氧化还原反应。分裂的团聚颗粒重复这样的过程，最终燃烧完全(图 5-28)。

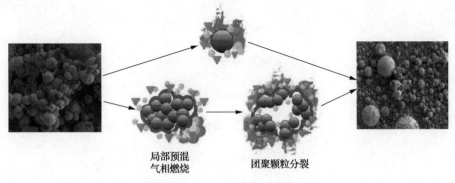

图 5-28　167.5nm 铁粉尘爆炸过程

当在铁粉尘中加入 ABC 粉后，在铁粉尘达到最低着火温度以前，ABC 粉中所含磷酸二氢铵在点火时迅速熔融分解,生成磷酸和氨气,吸收大量热量,导致铁粉尘周围温度降低。当温度继续升高时,产物磷酸脱水产生焦磷酸、偏磷酸、五氧化二磷和水。ABC 粉和固体分解产物(偏磷酸和五氧化二磷)会附着在未进行燃烧的铁粉尘颗粒表面或正在发生热解反应的铁粉尘颗粒的表面孔隙中,一方面隔绝氧气,另一方面中断了铁粉尘颗粒之间的热辐射和热传导。同时,磷酸二氢铵分解产生的氨气和水分散在铁粉尘周围,稀释氧气含量,进一步阻止铁粉尘的反应链传递。此外,ABC 粉在热解气化过程中会产生大量的活性自由基,如 $HOPO·$、$P·$、$NH·$、$NH_2·$ 等,这些自由基能够捕捉燃烧产生的 $FeO·$ 和 $O·$ 自由基,并与它们发生反应,终止燃烧链反应。可以发现 ABC 粉的抑爆过程包括了物理抑制和化学抑制。

当在铁粉尘中加入 MCA 粉后,MCA 粉吸收铁粉尘周围热量开始发生分解,产生氰尿酸和三聚氰胺。氰尿酸继续分解成异氰酸,同时,三聚氰胺分解产生高沸点固态产物(蜜白胺、蜜勒胺和氰尿酰胺)和氨气。在高温环境下,异氰酸会与氧原子结合,通过大量降低铁粉尘周围氧原子的浓度从而阻止燃烧链反应的发生。

$$HNCO+O· \longrightarrow CO_2+NH·$$

$$HNCO+O· \longrightarrow HNO+CO$$

$$HNCO+O· \longrightarrow ·OH+NCO$$

NH、NCO、HNO 和 CO 会进一步消耗氧气与氧原子:

$$NH+O· \longrightarrow N+·OH$$

$$NCO+O· \longrightarrow NO+CO$$

$$NCO+O_2 \longrightarrow CO_2+NO$$

$$HNO+O· \longrightarrow ·OH+NO$$

$$HNO+O_2 \longrightarrow NO+HO_2$$

$$CO+O· \longrightarrow CO_2$$

此外,异氰酸如果遇到水分子会发生分解,产生二氧化碳和氨气,反应过程中生成的气体分散在铁粉尘周围,将铁粉尘与氧气隔绝,进一步抑制铁粉尘爆炸(图 5-29)。

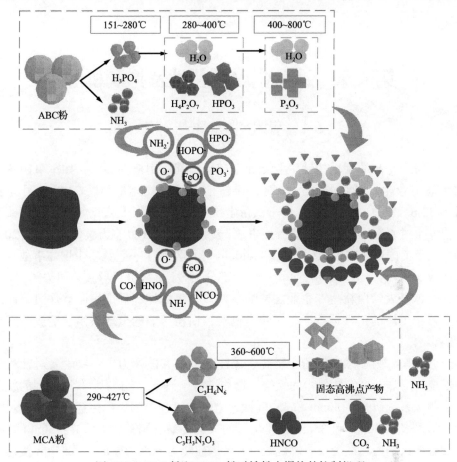

图 5-29　ABC 粉和 MCA 粉对铁粉尘爆炸的抑制机理

第 6 章　钛粉尘爆炸特性及抑制机理

6.1　钛粉尘爆炸与抑爆

钛粉尘是高端领域的钛工业深加工产品，其应用范围甚广，如军事领域，或作为工业生产的原料等。然而，钛粉尘也是危险化学品，CAS 编号为：7440-32-6。在过去 50 年里，由于钛粉尘易氧化、易燃、易爆的特性，美国钛工业曾发生过 6 起比较大的燃烧爆炸事故，经济损失达 100 多万美元。例如，2010年，位于美国西弗吉尼亚州的 Al Solutions 公司发生了一起钛粉尘爆炸事故，事故造成 3 人死亡，1 人受伤，公司厂房大部分损毁，事故最终导致公司关闭；2019年，全球最大钛白粉生产企业之一的亨斯迈发生爆炸，周围房屋被炸毁，此次事故对于工厂的正常运行产生影响，也对钛白粉行业的全球供给量造成一定程度的影响。

近年来，为了减轻钛粉尘燃烧、爆炸的危害和破坏力，一些学者对钛粉尘的燃烧、爆炸及抑制钛粉尘的燃烧、爆炸进行了研究。Yu 等[50]利用自制的粉尘燃烧测试系统研究了 50nm 和 35μm 钛粉尘燃烧过程中的火焰传播行为和微观结构，结果表明 50nm 和 35μm 钛粉尘云的火焰传播机制有较大差异：50nm 钛粉尘云燃烧火焰为离散的单一燃烧粒子，火焰前峰为光滑的球形，而 35μm 钛粉尘云燃烧火焰由一簇簇发光的燃烧颗粒组成，火焰前沿不规则；50nm 钛粉尘云燃烧火焰传播速度波动较大，火焰平均传播速度高于 35μm 钛粉尘云燃烧火焰平均传播速度；此外，50nm 钛粉尘云在燃烧过程中出现了明显的微爆炸现象。Boilard 等[51]利用 Siwek 20L 爆炸室研究了不同粒径范围的微米和纳米钛粉尘的爆炸参数，实验结果表明随着钛粉尘粒径从 150μm 减小，爆炸程度显著增加，在 45μm 和 20μm 处达到明显的平缓期；当粒子尺寸减小到纳米范围时，爆炸的可能性显著增加；纳米级钛粉尘非常敏感，在适当的条件下可以自燃。

在以往抑制粉尘爆炸的研究中，大量的研究结果表明：磷酸盐、碳酸盐、碱金属盐和阻燃剂都具有一定的抑爆性能，然而，抑制效果差异很大。Wang 等[52]利用改性赤泥 (RM) 和磷酸二氢钙 [Ca(H$_2$PO$_4$)$_2$]，制备了具有核-壳结构的 Ca(H$_2$PO$_4$)$_2$/RM 复合粉体抑爆剂，并进行了铝粉尘爆炸抑制实验，结果表明 Ca(H$_2$PO$_4$)$_2$/RM 复合粉体抑爆剂对铝粉尘火焰传播和爆炸超压有很好的抑制效果。李立东[53]对铝粉尘的惰化和抑制进行了研究，通过使用改进的 1.2L 粉尘云最小着火能量实验系统研究发现，铝粉尘的最大爆炸压力和最大爆炸压力上升速率都与碳酸钙添加比例成反比，且最大爆炸压力上升速率变化更加明显。Jiang 等[54]探讨了 ABC 粉、碳酸氢钠、磷酸二氢铵对铝粉尘爆炸抑制效果，在标准 20L 球形爆炸罐中测试抑爆剂对铝粉尘爆炸的压力，绘制压力曲线进行对比，找出最优的抑爆剂。由此可以看出，磷酸二氢钙、碳酸钙和磷酸二氢铵粉体已经被用作惰性粉体抑爆剂，而且对粉尘爆炸具有明显的抑制效果，但目前专门采用磷酸二氢钙、碳酸钙和磷酸二氢铵粉体抑制钛粉尘爆炸的研究还存在空缺，因此，关于磷酸二氢钙、碳酸钙和磷酸二氢铵粉体对钛粉尘爆炸的抑制性能和作用机理的研究有必要发展。

本章利用粉尘云最小着火能量实验系统和 20L 球形爆炸罐实验系统，开展磷酸二氢钙、碳酸钙和磷酸二氢铵粉体对不同粒径钛粉尘爆炸火焰传播和爆炸超压的抑制实验研究，通过分析磷酸二氢钙、碳酸钙和磷酸二氢铵粉体对不同粒径钛粉尘爆炸火焰形态、火焰传播速度、最大爆炸压力和最大爆炸压力上升速率的抑制效果，比较了三种惰性粉体的抑爆效果。然后，通过 SEM 分析爆炸产物的表面形貌，结合热解特性试验，进一步分析了磷酸二氢钙、碳酸钙和磷酸二氢铵粉体对不同粒径钛粉尘爆炸的抑制性能和作用机理。

6.2 材料准备与表征

实验所用两种粒径钛粉尘由北京兴荣源科技有限公司生产，钛粉尘主要成分见表 6-1。实验选用无锡市亚泰联合化工有限公司生产的磷酸二氢钙和碳酸钙粉体和济南众杰生物科技有限公司生产的磷酸二氢铵粉体作为抑爆剂，为了避免粒径分布对实验结果造成影响，用 600 目和 425 目标准金属丝网筛对其进行筛分处理，并用 Mastersizer 2000 激光粒度分析仪和 Gemini SEM 300 型扫描电子显微镜，分别测定钛、磷酸二氢钙、碳酸钙和磷酸二氢铵的粒径分布和 SEM 图像，测定结果如图 6-1 和图 6-2 所示。从图 6-1(a) 中看出 600 目钛粉尘颗粒的形状呈不规则块状，中位粒径为 23.021μm。从图 6-1(b) 和 6-1(c) 中可以看出磷酸二氢钙和碳酸钙粒径分布相近，中位粒径分别为 22.837μm 和 22.892μm。从图 6-2 中可看出，425 目钛粉尘和磷酸二氢铵的中位粒径分别为 33.226μm 和 11.482μm。

表 6-1 钛粉尘的成分分析

成分	Ti	Fe	Si	Mg	Mn	Cl	C	H	N
含量/%	99.8	0.06	0.02	0.01	0.01	0.03	0.03	0.02	0.02

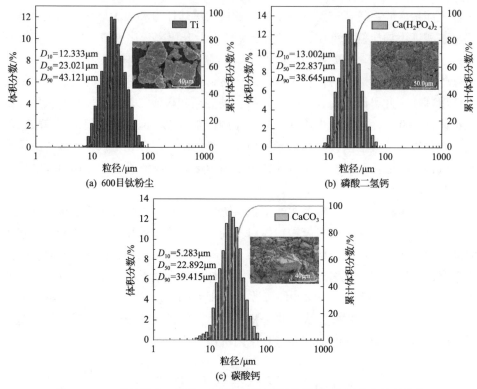

图 6-1　600 目钛粉尘、磷酸二氢钙和碳酸钙粉体的 SEM 图像和粒径分布

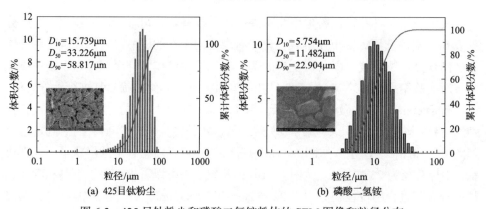

图 6-2　425 目钛粉尘和磷酸二氢铵粉体的 SEM 图像和粒径分布

6.3　惰性粉体对钛粉尘爆炸火焰的抑制效果

6.3.1　磷酸二氢钙和碳酸钙粉体对 600 目钛粉尘爆炸火焰的抑制效果

在添加不同质量分数的磷酸二氢钙和碳酸钙粉体条件下钛粉尘爆炸火焰传播如

图 6-3 所示。如图 6-3(a)所示，当 $t=10\text{ms}$ 时，靠近点火电极的位置出现明显的黄

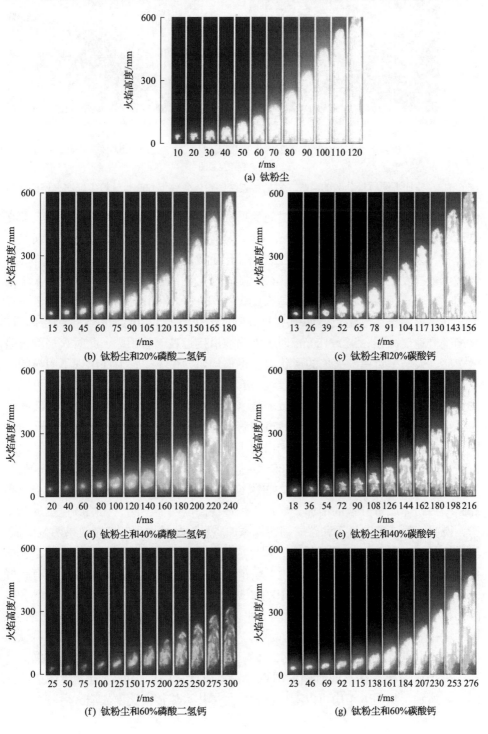

(a) 钛粉尘

(b) 钛粉尘和20%磷酸二氢钙

(c) 钛粉尘和20%碳酸钙

(d) 钛粉尘和40%磷酸二氢钙

(e) 钛粉尘和40%碳酸钙

(f) 钛粉尘和60%磷酸二氢钙

(g) 钛粉尘和60%碳酸钙

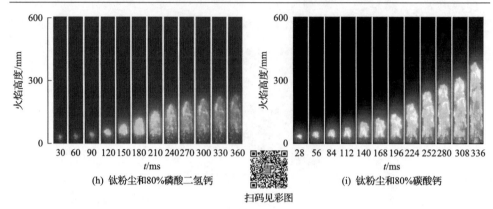

(h) 钛粉尘和80%磷酸二氢钙

(i) 钛粉尘和80%碳酸钙

扫码见彩图

图 6-3　在添加不同质量分数的磷酸二氢钙和碳酸钙粉体条件下 600 目钛粉尘爆炸火焰传播图

色火焰，并伴随部分白光，随着时间的增加，钛粉尘云火焰逐渐变得明亮，并在点火电极周围自由扩散。当 $t=50\text{ms}$ 时，火焰到达装置底部，此时火焰表面呈均匀分布，这主要是因为钛粉尘颗粒热解气化生成的可燃挥发性气体均匀分布，火焰在可燃挥发性气体传播区域内燃烧。随着燃烧的继续，当 $t=120\text{ms}$ 时，火焰前沿到达玻璃管顶端，其原因可能是未反应粒子进一步催化分解，气相燃烧区域扩大，并逐渐占据主导地位。如图 6-3(b)所示，在添加了 20%磷酸二氢钙粉体后，火焰上升速度减慢；当 $t=180\text{ms}$ 时，火焰前沿接近玻璃管顶端，此时火焰颜色略微变暗，火焰呈黄色，火焰的形状也变得不均匀，在玻璃管上部出现了明显的收缩现象，其原因可能是火焰传播过程中有许多未燃烧的钛粉尘颗粒，导致可燃挥发性气体浓度降低，气相燃烧区域缩减。如图 6-3(c)所示，在添加了 20%碳酸钙粉体后，当 $t=156\text{ms}$ 时，火焰到达玻璃管顶端，火焰颜色局部变为暗黄色，白光区域明显减少，火焰传播后期并未出现小规模的离散和断裂现象，火焰前沿轮廓清晰。通过比较，当磷酸二氢钙和碳酸钙粉体的添加质量分数为 20%时，磷酸二氢钙粉体的抑制效果要较好一些。如图 6-3(d)~图 6-5(i)所示，随着磷酸二氢钙和碳酸钙粉体质量分数的增加，爆炸火焰传播高度明显下降，火焰颜色也逐渐变暗，说明随着磷酸二氢钙和碳酸钙粉体添加质量分数的增大，抑制效果明显增强。当添加了 80%磷酸二氢钙粉体后，爆炸火焰传播距离和火焰亮度明显减弱，火焰形态出现明显的离散现象，充分说明磷酸二氢钙对钛粉尘爆炸火焰传播具有较好的抑制作用。在图 6-3(d)~图 6-5(i)中，通过对添加不同质量分数磷酸二氢钙和碳酸钙粉体的钛粉尘爆炸火焰状态比较，可以看出在相同条件下，添加磷酸二氢钙粉体的钛粉尘爆炸火焰传播距离更短、火焰亮度更弱，说明磷酸二氢钙粉体抑制钛粉尘爆炸火焰传播的能力优于碳酸钙粉体，磷酸二氢钙粉体具有较好的抑制性能。

根据火焰前锋在不同时刻的图像位置，所计算的火焰前锋向上传播速度如图 6-4 所示。从图 6-4 中可以看出，钛粉尘爆炸火焰传播速度先增大后减小。在爆炸初期，火焰自由蔓延，导致燃烧火焰的向上传播速度较慢。大约到 60ms 时，由于玻璃管壁对火焰的约束，钛粒子被加热和膨胀而产生浮力推动火焰迅速向上传播，火焰前缘高度迅速增大，呈加速发展趋势，并发现此时火焰的向上加速度呈增大趋势，其原因可能是底座对热流产生了反作用力；到 100ms 时，火焰传播速度达到最大，这时可能由于玻璃管中氧气含量降低，钛粉尘的热膨胀程度减弱，导致火焰传播速度开始下降。同时，图 6-4 中还存在火焰速度脉动传播现象，这可能是因为钛粉尘热解时间与火焰预热区的火焰传播速度之间存在负反馈机制，当钛粉尘云火焰传播速度足够高时，同时火焰前边缘区钛颗粒的热解时间不足，导致火焰传播速度的生命活力降低，从而使火焰传播速度降低。同时，当火焰传播缓慢，热解时间增加，导致更多的能量释放，然后促进燃烧反应，加速火焰传播。此外，高压喷气产生的涡流、流场中的热膨胀和气固两相火焰的稳定性也对火焰传播速度的动脉起着重要作用。

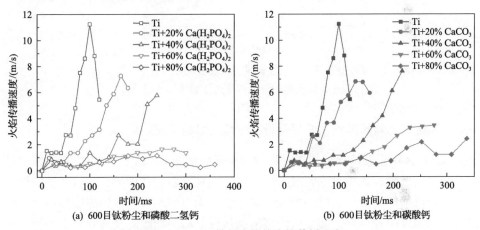

(a) 600目钛粉尘和磷酸二氢钙　　　　　　(b) 600目钛粉尘和碳酸钙

图 6-4　600 目钛粉尘爆炸火焰传播速度

在添加不同质量分数磷酸二氢钙和碳酸钙粉体条件下 600 目钛粉尘爆炸火焰的最大传播速度和平均传播速度(从点火到火焰停止传播)，如图 6-5 所示。结果表明，600 目钛粉尘爆炸火焰的最大传播速度为 11.237m/s，平均传播速度为 4.792m/s。当添加了磷酸二氢钙和碳酸钙粉体后，最大传播速度和平均传播速度随着抑爆剂质量分数的增加整体呈逐渐减小的趋势。当添加 20%磷酸二氢钙和碳酸钙粉体时，最大传播速度分别降低了 35.3%和 39.4%，平均传播速度分别降低了 35%和 23.1%；当添加磷酸二氢钙和碳酸钙粉体的比例达到 40%时，最大传播速度分别降低了 48.7%和 32.1%，平均传播速度分别降低了 60.1%和 47.6%；当添加磷酸二氢钙和碳酸钙粉体的质量分数达到 60%时，最大传播速度分别降低了 85.5%和 70%，平均传播速度分别降低了 79.5%和 66.2%；当添加 80%的磷酸二氢钙和碳酸钙粉体时，最大传播速度分别降低了 89.8%和 78.4%，平均传播速度分别降低了 87.7%和

77.4%。实验结果表明,添加磷酸二氢钙和碳酸钙能显著降低钛粉尘爆炸火焰的最大传播速度和平均传播速度,且与添加质量分数呈正相关关系,且添加磷酸二氢钙粉体的抑制效果更好。

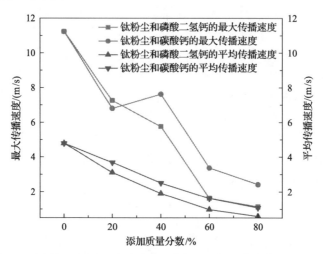

图 6-5　在添加不同质量分数磷酸二氢钙和碳酸钙粉体条件下 600 目
钛粉尘爆炸火焰的最大传播速度和平均传播速度

6.3.2　磷酸二氢铵粉体对 425 目钛粉尘爆炸火焰的抑制效果

425 目钛粉尘爆炸火焰传播过程时间序列图如图 6-6 所示,可以看出钛粉尘具有很强的爆燃性,钛粉尘点燃后火焰迅速达到垂直玻璃管顶端,并且产生强烈的光,随着火焰的传播,火焰的发光区遍布整个垂直玻璃管,钛粉的燃烧不是瞬间在火焰锋面处燃烧完毕,而是火焰传播到最高处后,刺眼的亮光开始由中间向两端迅速消退。图 6-7 为 425 目钛粉尘和不同质量分数的磷酸二氢铵混合的爆炸火焰传播时间序列图,从 0ms 开始,钛粉尘颗粒被点燃,火焰从点火中心向外传播,传播过程中爆炸火焰逐渐变亮,当 t=55ms 时到达玻璃管顶端。添加磷酸二氢铵粉体后火焰的传播过程如图 6-7(b)～(f)所示。将图 6-7(a)与图 6-7(b)～(f)比较,加入抑爆剂后,爆炸火焰的亮度明显减弱,高度有了明显的下降,如图 6-7(b)所示,加入 10%的磷酸二氢铵后,火焰上升的高度变化不明显,火焰亮度明显减弱,最大火焰高度为 547mm;在图 6-7(c)中,当加入 20%的磷酸二氢铵后,最大火焰高度为 460mm;在图 6-7(d)和图 6-7(e)中,当磷酸二氢铵增加到 30%和 40%时,火焰传播最大高度继续显著降低,火焰面积减小,最大火焰高度分别为 410mm、370mm,此时,火焰亮度明显减弱;如图 6-7(f)所示,磷酸二氢铵添加到 50%后,钛粉尘火焰传播高度降为 260mm,实现基本抑制。但当继续添加磷酸二氢铵时,抑爆效果反而减弱,有一定程度的促进。这主要是因为磷酸二氢铵中的铵离子参与爆炸，促进了爆炸进程。

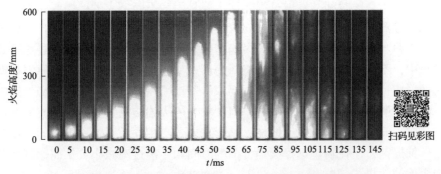

图 6-6　425 目钛粉尘爆炸火焰传播过程时间序列图

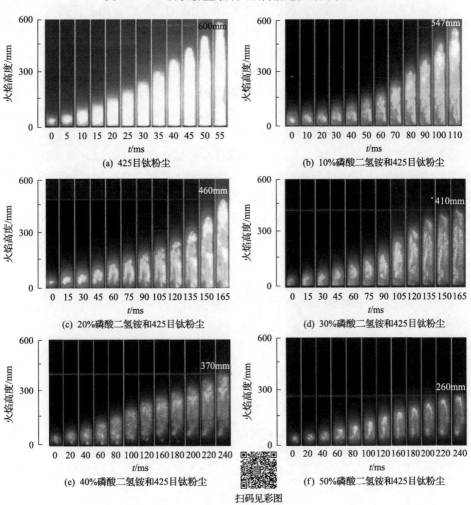

图 6-7　425 目钛粉尘和不同质量分数的磷酸二氢铵混合的爆炸火焰传播时间序列图

综合分析图 6-6、图 6-7 可知，管道内钛粉尘爆炸火焰传播的速度是逐渐增加
的，需要经历一段时间的发展过程，这主要是因为不断增大的已燃区向未燃区传
递热量，导致火焰传播速度加快。随着钛粉尘云燃烧，管道中的氧气含量减少，
并且由于粉尘颗粒的重力因素导致火焰传播速度不断降低。在钛粉尘爆炸火焰传
播过程中，不同质量的钛粉尘云火焰锋面形态呈不规则状发展，主要原因是钛粉
尘云的形成过程中，钛粉尘的分散需要依靠气动喷粉，喷粉气流在燃烧管道中形
成一定程度的湍流使粉尘分散均匀，但钛粉尘的火焰传播过程会被湍流的存在影
响，所以不同条件下的粉尘云燃烧火焰形态也各不相同。通过添加不同质量分数
的粉体抑爆剂，使钛粉尘爆炸火焰传播的时间和距离逐渐减小，从而达到抑制钛
粉尘爆炸的效果。

根据火焰前锋在不同时刻的图像位置，所计算的火焰前锋向上传播速度（每次
实验复制三次，取平均值）如图 6-8 所示。从图 6-8 中可看出，钛粉尘爆炸火焰传
播速度呈增大趋势。在爆炸发生初期，火焰自由蔓延，导致爆炸火焰的向上传播
速度较慢。从图 6-7(a) 爆炸火焰传播图像可以看出，在 $t=55ms$ 时，火焰到达玻璃
管顶部，在对应图 6-8 的爆炸火焰传播速度图像中发现此时火焰的向上加速度达
到最大，这可能是因为底座对热流产生了反作用力，到 60ms 时，火焰速度达到
最大，这时可能由于玻璃管中氧气含量降低，钛粉尘的热膨胀程度减弱，导致火
焰传播速度开始下降。同时，图 6-8 中还存在火焰传播速度脉动现象，这可能是
因为粉尘热解时间与火焰预热区的火焰传播速度之间存在负反馈机制，当钛粉尘
爆炸火焰传播速度足够高时，火焰前缘预热区钛粉尘颗粒的热解时间不足，导致
火焰传播速度的维持缺乏热量，从而使火焰传播速度降低。相反，当火焰传播缓
慢时，热解时间增加，导致更多的热量释放，然后促进燃烧反应，加速火焰传

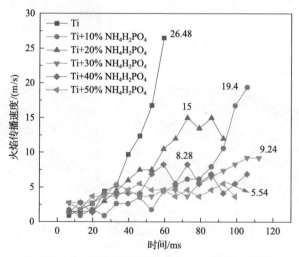

图 6-8　425 目钛粉尘和不同质量分数磷酸二氢铵混合的爆炸火焰传播速度

播。此外，高压喷气产生的湍流、流场中的热膨胀和气固两相火焰的不稳定性也对火焰传播速度的脉动起着重要作用。

钛粉尘与不同质量分数磷酸二氢铵粉体混合的爆炸火焰最大传播速度和平均传播速度（从点火到火焰停止传播）见表 6-2。结果表明，钛粉尘爆炸的最大传播速度为 26.48m/s，平均传播速度为 10.676m/s。当添加了磷酸二氢铵粉体后，最大传播速度和平均传播速度随着抑爆剂质量分数的增加而逐渐减小。当添加质量分数为 50%的磷酸二氢铵粉体时，此时最大传播速度为 5.54m/s，平均传播速度为 3.497m/s，最大传播速度降低了 79.1%，平均传播速度降低了 67.2%，此时抑制效果较好。

表 6-2　425 目钛粉尘和不同质量分数磷酸二氢铵爆炸火焰的最大传播速度和平均传播速度

参数	纯钛粉尘	10%磷酸二氢铵和钛粉尘	20%磷酸二氢铵和钛粉尘	30%磷酸二氢铵和钛粉尘	40%磷酸二氢铵和钛粉尘	50%磷酸二氢铵和钛粉尘
最大传播速度/(m/s)	26.48	19.4	15	9.24	8.28	5.54
平均传播速度/(m/s)	10.676	7.45	5.79	5.592	5	3.497

6.4　惰性粉体对钛粉尘爆炸压力的抑制效果

6.4.1　磷酸二氢钙和碳酸钙粉体对 600 目钛粉尘爆炸压力的抑制效果

在添加不同质量分数的磷酸二氢钙和碳酸钙粉体条件下钛粉尘在 20L 球形爆炸罐实验系统中的爆炸压力传播过程，如图 6-9 所示。时间零点为点燃时刻，钛粉尘云被点火药头引燃，20L 球形爆炸罐中的爆炸压力迅速上升，到达爆炸压力的最大值，从点燃瞬间到爆炸压力达到最大值这一过程所需时间为 t_b，不添加任何抑爆剂的钛粉尘爆炸的 t_b=34ms，此后爆炸反应结束，爆炸压力逐渐衰减。当添加 20%磷酸二氢钙和碳酸钙粉体时，爆炸压力曲线明显降低，t_b 分别增加为 40ms 和 38ms，这可能是因为磷酸二氢钙和碳酸钙粉体吸热分解，吸收了爆炸所需的热量，降低了爆炸反应的难度。随着抑爆剂添加比例的增大，爆炸压力曲线也越来越低，t_b 也逐渐增大；当添加 80%磷酸二氢钙和碳酸钙粉体时，t_b 分别增加为 54ms 和 51ms，可能是因为初始燃烧区域中的火焰温度降低到低于极限火焰温度，爆炸得到明显的抑制。

在添加不同质量分数的磷酸二氢钙和碳酸钙粉体条件下钛粉尘的最大爆炸压力和最大爆炸压力上升速率变化趋势，如图 6-10 所示。当添加 20%的磷酸二氢钙时，$(dP/dt)_{max}$ 明显下降，从钛粉尘的 61MPa/s 迅速下降到 52MPa/s，而 P_{max} 则从

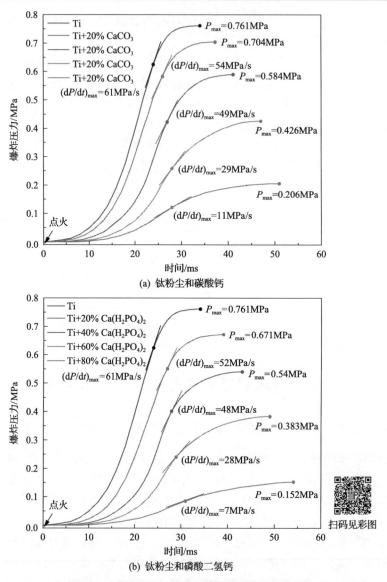

图 6-9　600 目钛粉尘和抑爆剂爆炸压力曲线

0.761MPa 下降到 0.671MPa，下降幅度为 11.8%。当添加 20%的碳酸钙时，$(dP/dt)_{max}$ 下降到 54MPa/s，P_{max} 下降到 0.704MPa，下降幅度仅为 7.5%。随着抑爆剂添加比例的增大，P_{max} 的下降振幅呈逐渐增大的趋势，$(dP/dt)_{max}$ 的下降振幅呈波动状态。在磷酸二氢钙和碳酸钙添加比例都达到 60%时，$(dP/dt)_{max}$ 显著减小，达到最大减小幅度，分别从 48MPa/s 和 49MPa/s 下降到 28MPa/s 和 29MPa/s，下降幅度分别为 41.7%和 40.8%。结果表明，抑爆剂含量越高对 P_{max} 和 $(dP/dt)_{max}$

影响越显著。这是因为抑爆剂快速分解吸收大量的燃烧热，大大降低了 $P_{\max}$ 和 $(\mathrm{d}P/\mathrm{d}t)_{\max}$。磷酸二氢钙分解出惰性气体，降低氧气浓度，使得 $P_{\max}$ 显著下降。当添加 80%的磷酸二氢钙时，$(\mathrm{d}P/\mathrm{d}t)_{\max}$ 降至 7MPa/s，$P_{\max}$ 降至 0.152MPa，与未添加抑爆剂相比下降幅度分别为 88.5%和 80.0%；添加 80%的碳酸钙时，$(\mathrm{d}P/\mathrm{d}t)_{\max}$ 降至 11MPa/s，$P_{\max}$ 降至 0.206MPa，与未添加抑爆剂相比下降幅度分别为 82.0%和 72.9%。这表明，磷酸二氢钙较碳酸钙对钛粉尘的 $(\mathrm{d}P/\mathrm{d}t)_{\max}$ 和 $P_{\max}$ 有更显著的抑制效果。

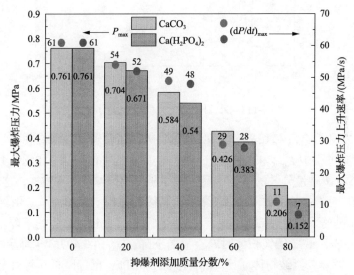

图 6-10　在添加不同质量分数磷酸二氢钙和碳酸钙粉体条件下 600 目
钛粉尘的最大爆炸压力和最大爆炸压力上升速率

6.4.2　磷酸二氢铵粉体对 425 目钛粉尘爆炸压力的抑制效果

钛粉尘爆炸超压测试实验在 20L 球形爆炸罐实验系统中进行，在不同的最大爆炸压力 $P_{\max}$ 和最大爆炸压力上升速率 $(\mathrm{d}P/\mathrm{d}t)_{\max}$ 下，几乎所有的爆炸过程都呈现出相似的压力曲线，根据钛粉尘爆炸超压测试实验结果，总结出钛粉尘爆炸过程中的典型压力曲线，如图 6-11 所示。高压气体将钛粉尘颗粒喷出，在罐中形成粉尘云，经过延时点火后，钛粉尘云发生爆炸，使罐内压力剧增，最大爆炸压力达到 0.782MPa，最大爆炸压力上升速率为 39.34MPa/s。在不添加任何抑爆剂时，t_b 为 48ms，此后爆炸反应结束，爆炸压力逐渐降低。

图 6-12 为磷酸二氢铵对 425 目钛粉尘爆炸的抑制效果图，其中当添加不同质量分数的磷酸二氢铵粉体时，爆炸压力随时间的变化如图 6-12(a)所示，

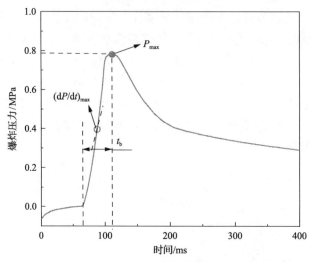

图 6-11　425 目钛粉尘典型爆炸压力曲线

图 6.12(b) 给出了 P_{max} 和 $(dP/dt)_{max}$ 的变化趋势，随着磷酸二氢铵粉体质量分数的增加，对反应过程中 P_{max} 和 $(dP/dt)_{max}$ 都有较显著的抑制效果。如图 6-12(a) 所示，随着磷酸二氢铵质量分数的增加，最大爆炸压力逐渐减小，t_b 增加，这也与图 6-7 所示的现象一致。当添加 20% 的磷酸二氢铵粉体时，$(dP/dt)_{max}$ 由纯钛粉尘的 39.34MPa/s 迅速下降到 17.8MPa/s，降幅为 54.7%，$(dP/dt)_{max}$ 的下降幅度趋于平缓。当添加 40% 磷酸二氢铵粉体时 P_{max} 显著下降，P_{max} 由 0.497MPa 降至 0.348MPa。当添加 50% 磷酸二氢铵粉体时 P_{max} 降至 0.234MPa，已经降低至爆炸超压判定线以下。

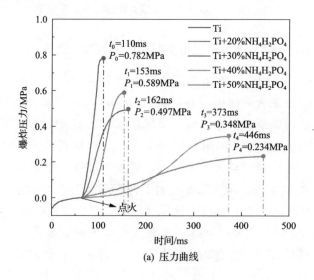

(a) 压力曲线

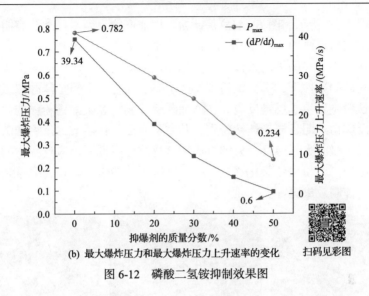

(b) 最大爆炸压力和最大爆炸压力上升速率的变化　　　扫码见彩图

图 6-12　磷酸二氢铵抑制效果图

6.5　惰性粉体对钛粉尘爆炸的抑制机理

6.5.1　磷酸二氢钙和碳酸钙粉体对 600 目钛粉尘爆炸的抑制机理

钛粉尘的爆炸机理，如图 6-13 所示。在一定的条件下，钛粉尘遇到点火源，钛粉尘中所包含的水分开始蒸发，稍后开始进行表面氧化反应；随着温度的升高，氧化反应速率快速增大，钛粉尘表面形成由 TiO_2 和 Ti_2O_3 组成的氧化层，当温度增加高于钛的熔点后，氧化层包裹的钛粉尘的核心将熔化；在高温条件下，熔化的钛粉尘蒸发，形成气态物质，导致氧化层破裂，在这种情况下，钛粉尘进行强烈的气相燃烧反应。钛粉尘的氧化过程可分为四个阶段：水分释放阶段，表面氧化阶段，熔化破碎阶段，激烈燃烧阶段。

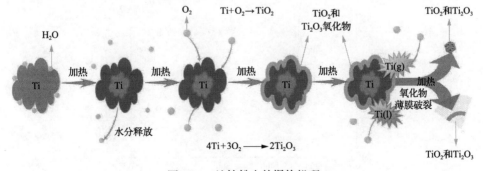

图 6-13　纯钛粉尘的爆炸机理

利用 SEM 对钛粉尘及钛粉尘和碳酸钙、磷酸二氢钙粉体混合的爆炸产物进行测定，如图 6-14 所示。图 6-14（a）是钛粉尘爆炸产物，微米尺寸，表明这些颗粒是在气相反应后形成的。图 6-14（b）和（c）分别是加入碳酸钙和磷酸二氢钙后的爆炸产物。在未添加抑爆剂的条件下，大部分钛粉尘发生了剧烈的燃烧反应；在添加碳酸钙粉体的条件下，部分钛粉尘发生了燃烧反应；在添加磷酸二氢钙粉体只有少部分钛粉尘发生了燃烧反应。在添加磷酸二氢钙和碳酸钙粉体的条件下钛粉尘的爆炸反应情况明显弱于纯钛粉尘，其主要原因是：磷酸二氢钙和碳酸钙在爆炸反应过程中吸收大量热量，分解生成惰性物质，降低了反应过程中的温度和氧气浓度，阻碍了钛粉尘的氧化燃烧反应，抑制了钛粉尘的爆炸，并且磷酸二氢钙比碳酸钙的抑制效果更好。

(a) 钛粉尘　　　　　　　　(b) 钛粉尘和碳酸钙　　　　　　　(c) 钛粉尘和磷酸二氢钙

图 6-14　钛粉尘、钛粉尘和碳酸钙及钛粉尘和磷酸二氢钙爆炸产物的 SEM 图像

分析惰性粉体的热分解特性是研究其抑制作用的重要手段。利用热重-差示扫描量热联用仪（TG-DSC）分析了磷酸二氢钙和碳酸钙粉体的热分解特性。实验升温速率为 10℃/min，升温范围是从室温（25℃）至 1000℃，实验气氛为空气，气流速度为 50mL/min。图 6-15 中给出了磷酸二氢钙和碳酸钙粉体的 TG-DSC 曲线。

如图 6-15（a）所示，磷酸二氢钙粉体的热解过程共经历了四个阶段。第一阶段

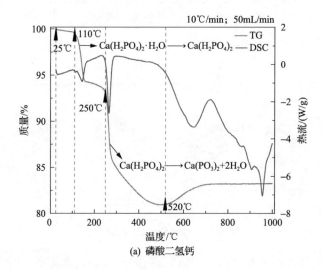

(a) 磷酸二氢钙

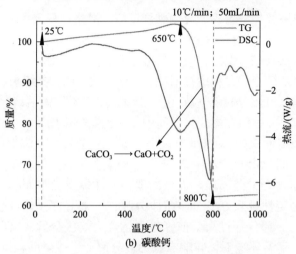

图 6-15　磷酸二氢钙和碳酸钙粉体的 TG-DSC 曲线

是在 25~110℃，在此温度范围内磷酸二氢钙粉体质量变化不大；第二阶段是在 110~250℃，$Ca(H_2PO_4)_2 \cdot H_2O$ 开始失去结晶水变为磷酸二氢钙粉体，失重率为 5.8%；第三阶段是在 250~520℃，当温度上升时，DSC 曲线会出现明显的吸热峰，磷酸二氢钙吸收大量的热变成磷酸钙[$Ca(PO_3)_2$]，失重率为 13.2%，此过程发生的化学反应主要为 $Ca(H_2PO_4)_2 \longrightarrow Ca(PO_3)_2 + 2H_2O$；第四阶段是在 520~1000℃，从 DSC 曲线上看，在 630℃后开始放出热量，在 710℃后继续吸收外界的热量，所以在此阶段主要进行磷酸钙的晶型转变和蒸发。

如图 6-15(b)所示，碳酸钙粉体的热解过程共经历两个阶段。第一阶段是在 25~650℃，在此温度范围内碳酸钙粉体质量产生轻微变化，发生了碳酸钙的生成反应，其主要化学反应为 $Ca^{2+} + CO_2 \longrightarrow CaCO_3$；第二阶段是在 650~1000℃，当温度上升时，DSC 曲线会出现明显的吸热峰，碳酸钙吸收大量的热变成氧化钙（CaO），并完成了晶型的转变，失重率为 41.2%，此过程主要的化学反应为 $CaCO_3 \longrightarrow CaO + CO_2$。

磷酸二氢钙和碳酸钙粉体对 600 目钛粉尘爆炸的抑制过程涉及化学反应、气固两相燃烧、热分解、传热传质、吸热隔热等复杂过程，但总的来说可以概括为两类：物理抑制作用和化学抑制作用。可燃钛粉尘爆炸火焰传播过程中，磷酸二氢钙和碳酸钙粉体的抑制主要发生在预热区和燃烧火焰区。本节建立了基于预热区和燃烧火焰区的抑制机理物理模型来研究磷酸二氢钙和碳酸钙粉体的抑制机理，如图 6-16 所示。在预热区，温度达到钛粉尘热解温度时，钛粉尘颗粒开始热解并部分气化。预热区温度达到磷酸二氢钙和碳酸钙粉体颗粒的热解温度时，磷酸二氢钙和碳酸钙粉体也开始吸热分解，通过吸收预热区热量来降低预热区温度，减缓钛粉尘颗粒的热解。在燃烧火焰区，气化的钛分子发生气相燃烧，钛粉尘颗粒则继续加速热解并伴随着表面异相燃烧反应，燃烧过程释放大量热量。磷酸二氢钙和碳酸钙粉体由于燃烧火焰的高温，会加速分解反应过程，主要抑制作用有：吸收燃烧热，降低火焰区温度，减缓反应速率；燃烧反应活性自由基在与分解过程的中间态自由基结合的过程中被消耗，链反应被中断；分解水(g)、二氧化碳等气态产物能够稀释可燃分和氧气浓度；分解固态产物覆盖在钛粉尘颗粒表面来阻止表面燃烧反应，并弥散在燃烧区空间中，达到隔热作用。

　　碳酸钙热稳定性很好，在 600℃以上高温时才会发生分解生成氧化钙和二氧化碳，在爆炸瞬间仅会有少部分碳酸钙发生吸热分解，但主要抑制作用为物理隔热，因此抑制性能最差，需要大量的碳酸钙才能有效抑制钛粉尘的爆炸。磷酸二氢钙的热稳定性也较好，分多阶段分解：一部分在预热区会发生分解，降低预热区温度；一部分穿过火焰前锋进入燃烧火焰区分解，吸收大量燃烧热，降低火焰温度。高温环境下，磷酸二氢钙被分解，生成磷酸根离子和钙自由基，温度继续升高可以分解成偏磷酸根，每一步反应都可以吸取大量的反应热量，降低反应环境的温度；反应最终生成磷酸钙进一步吸收大量热量并发生相变，同时对参与爆炸反应的钛及其他自由基起到稀释和消耗的作用，从而终止燃烧链反应，达到抑制钛粉尘爆炸的目的。磷酸二氢钙具有物理化学协同抑制作用，因此抑制性能较好。

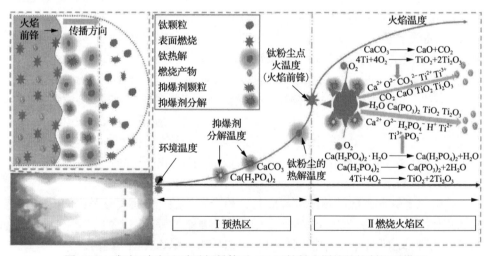

图 6-16　磷酸二氢钙和碳酸钙粉体对 600 目钛粉尘爆炸的抑制机理模型

　　本章利用粉尘云最小着火能量实验系统和 20L 球形爆炸罐实验系统进行实验，研究了磷酸二氢钙、碳酸钙两种惰性粉体对 600 目钛粉尘爆炸火焰形态、火焰传播速度和爆炸压力的抑制效果，对比了磷酸二氢钙、碳酸钙粉体对 600 目钛粉尘爆炸的抑制性能，研究了磷酸二氢钙、碳酸钙粉体对 600 目钛粉尘爆炸的抑制机理，得出以下结论。

（1）少量的磷酸二氢钙或碳酸钙粉体很难有效阻止钛粉尘爆炸的传播发展，当增加到一定比例时，可以有效抑制爆炸火焰和爆炸压力的发展，使得火焰形态和长度明显改变，火焰传播速度和爆炸压力明显降低。

（2）建立基于预热区和燃烧火焰区的磷酸二氢钙或碳酸钙粉体对 600 目钛粉尘爆炸的抑制机理物理模型。在爆炸过程中，因碳酸钙的热稳定性强，分解所需要的温度较高且相对集中，其主要抑制作用为物理吸热和隔热，对钛粉尘爆炸的抑制性能较差。磷酸二氢钙热稳定性较差，分多阶段分解，具有物理化学协同抑制作用，对钛粉尘爆炸的抑制性能较好，且优于碳酸钙对钛粉尘爆炸的抑制性能。

6.5.2　磷酸二氢铵粉体对 425 目钛粉尘爆炸的抑制机理

粉尘爆炸产物的微观特征是研究粉尘爆炸过程及爆炸机理的重要依据。图 6-17 展示了 425 目钛粉尘爆炸产物 SEM 图像。可以看出，钛粉尘的爆炸产物是纳米尺寸的球形颗粒，钛粉尘表面被大量磷酸二氢铵颗粒包覆。

图 6-17　磷酸二氢铵和 425 目钛粉尘爆炸产物 SEM 图像

结合以往的研究，钛粉尘的爆炸过程可以总结为：钛粉颗粒被加热后，二氧化钛薄膜熔融破裂，钛粉尘颗粒发生表面非均相燃烧反应。

由图 6-18 可以看出，在热解过程中，磷酸二氢铵出现了 3 个峰，说明磷酸二氢铵的热解分成三个阶段。分解过程如下：

$$NH_4H_2PO_4 \longrightarrow NH_3\uparrow + H_3PO_4$$

$$2H_3PO_4 \longrightarrow H_4P_2O_7 + H_2O\uparrow$$

$$H_4P_2O_7 \longrightarrow 2HPO_3 + H_2O\uparrow$$

由上述方程式可以得到：磷酸二氢铵分解的含磷化合物，如 HPO_3、HPO_2 和 PO_2，通过捕获自由基和 HPO_2 等循环抑制可以清除 H·和 OH·自由基；磷化合物可以抑制粉尘燃烧中的气体反应和表面反应。含磷物质的存在可以使自由基催化重组。HOPO – PO_2 形成一个催化循环。H·和 OH·重新结合形成 H_2O，这是它的净效应。两种主要的抑制循环是：

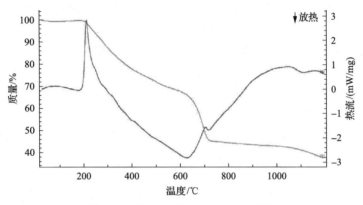

图 6-18 磷酸二氢铵的 TG-DSC 曲线

$$PO_2 + H\cdot \Longrightarrow HOPO$$

$$HOPO + OH\cdot \Longrightarrow PO_2 + H_2O$$

$$PO_2 + OH\cdot \Longrightarrow HOPO_2$$

$$HOPO_2 + H\cdot \Longrightarrow PO_2 + H_2O$$

由化学方程可知，抑制钛粉尘的链式爆炸反应主要是通过含磷物质的催化循环和自由基 H·、OH· 的消耗来实现的。分析磷酸二氢铵的分解和抑爆反应能够得出，对钛粉尘爆炸的抑制作用，磷酸二氢铵存在物理抑制和化学抑制。

磷酸二氢铵被加入后可以从周围环境吸收热量，分解氨和磷酸形成五氧化二磷，具有良好的冷却效果。反应分解产生的焦磷酸根和偏磷酸根附着在钛粉表面，能够有效地阻止热量传递，阻止与氧化剂的接触；分解的产物如游离氨还能吸收反应中产生的自由基 OH·，并且发生反应，因此由于缺乏自由基，燃烧速率大幅降低。如果燃烧过程中游离氨的浓度高，火焰可以完全接触，然后自由基消耗的速度将大于自由基生成的速度，燃烧链式反应将会由于缺乏自由基而中断。此外，燃烧反应的其他产物，如水蒸气和氨，可以有效地分离燃料与氧气(图 6-19)。

本章利用粉尘云最小着火能量实验系统和 20L 球形爆炸罐实验系统进行实验，研究了磷酸二氢铵粉体对 425 目钛粉尘爆炸火焰形态、火焰传播速度和爆炸压力的抑制效果，进而研究了磷酸二氢铵粉体对 425 目钛粉尘爆炸的抑制性能和抑制机理，得出以下结论。

(1)添加磷酸二氢铵粉体对 425 目钛粉尘爆炸有明显的抑制作用。通过粉尘云最小着火能量实验系统得出随着磷酸二氢铵质量分数的增加，火焰亮度逐渐减弱，火焰高度和火焰传播速度逐渐降低，且当添加 50%磷酸二氢铵粉体时，爆炸火焰基本得到抑制。通过 20L 球形爆炸罐实验得出，随着磷酸二氢铵质量分数的增加，爆炸压力曲线明显降低，当添加 50%磷酸二氢铵时，爆炸压力最小，低于最大爆炸压力，实现抑爆。这些结果都表明：磷酸二氢铵对 425 目钛粉尘爆燃及爆炸有明显的抑制效果。

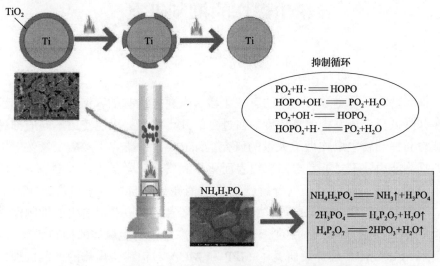

图 6-19　磷酸二氢铵对 425 目钛粉尘爆炸的抑制机理模型

(2)磷酸二氢铵粉体对 425 目钛粉尘爆炸的抑制作用主要是四个方面：①磷酸二氢铵吸热分解，吸收了爆炸所需要的能量；②磷酸二氢铵粉体分解产生的氧化物覆盖在钛粉尘表面，增加氧化膜厚度，起到隔热作用；③磷酸二氢铵粉体分解产生的气态水降低了空气中氧气的浓度，增加了爆炸反应的难度；④磷酸二氢铵粉体捕获爆炸所需要的自由基来阻断链式反应。

第7章 改性氢氧化镁对铝镁合金粉尘爆炸的抑制研究

7.1 研究背景与意义

抑爆是降低粉尘爆炸风险的有效手段。主要方法有加入惰性粉末、加入细水雾和降低反应体系中的氧浓度。在过去的几十年里，人们使用不同的抑爆剂对减缓和抑制粉尘爆炸做了大量的研究。Jiang 等[55]研究了磷酸二氢铵对铝粉尘的抑制能力，建立了考虑铝颗粒表面化学和气体化学的火焰抑制机理，研究结果表明磷酸二氢铵粒子的分解产物通过消耗火焰自由基来阻碍铝颗粒的氧化，进而抑制爆炸。Zhang 等[56]研究了膨胀石墨(EGs)对铝粉尘的抑制作用，实验证明，通过提高石墨的膨胀率，可显著提高对铝粉尘爆炸的抑制效果。Jiang 等[57]利用 20L 球形爆炸罐研究了 MPP 和 MCA 对铝粉尘爆炸的抑制机理，实验结果表明在抑爆剂浓度不同的情况下，MCA 和 MPP 的加入能促进或抑制粉尘的爆炸。抑爆剂粒径的大小也是抑爆性能重要影响因素。当抑爆剂颗粒粒径较大时，可燃粉末挥发速率可能比抑爆剂颗粒更快，导致抑爆剂惰性效应降低；当抑爆剂颗粒粒径较小时，惰性效应相对增加。Bu 等[58]研究了微纳米氧化铝粉体对铝粉尘爆炸的影响，结果表明纳米氧化铝粉体的抑制效果优于微米氧化铝粉体。

由于铝镁合金粉尘爆炸过程本身较为复杂，爆燃过程难以被有效抑制，国内外对铝镁合金粉尘爆炸的研究较少。Miao 等[59]研究了碳酸钙对六种典型金属粉尘点火特性的影响，其中关于铝镁合金粉尘的研究结果表明，在纯雾化的铝镁合金粉尘中添加碳酸钙远远不足以降低点火可能性。由此可见抑爆剂的性能是影响铝镁合金粉尘抑爆效果的关键因素。因此，开发适用于铝镁合金粉爆炸的高性能抑爆剂已成为一个重要的研究课题。氢氧化镁作为一种环保的无机阻燃剂，已引起人们的广泛关注。Huang 等[60]研究了不同粒径和质量分数的超细氢氧化镁粉体对木屑爆炸火焰的抑制作用，结果表明纳米级氢氧化镁对木屑爆炸的抑制效果更好。但由于氢氧化镁表面极性大，易发生团聚，严重影响了其抑制效果。Wang 等[61]研究了氢氧化铝和氢氧化镁粉体对铝镁合金粉尘爆炸的抑制效果，结果表明当抑爆剂添加量较小时，由于粉尘团聚导致氢氧化镁抑爆效果弱于氢氧化铝。为了防止粉体的团聚，通常的做法是对氢氧化镁粉体进行表面改性，而硅烷偶联剂是最常用的表面改性剂，这种方法已广泛应用于对氢氧化镁阻燃剂的改性。

硅烷偶联剂是一种具有特殊结构的有机硅化合物，通式为 $RSiX_3$，其中 R 代表与聚合物具有良好的亲和力的末端基团，通常是反应性基团的链，如巯基、环氧基、乙烯基、氨基、酰胺基；X 代表可以水解的 α 烷氧基或卤素。当进行氢氧化镁的改性时，先发生 X 基团的水解反应，产生硅烷醇。然后硅烷醇与氢氧化镁 $[Mg(OH)_2]$ 表面的 Mg—OH 键缩合变成硅氧镁 (Si-O-Mg)。在适当的添加量下，偶联剂分子将在粉末表面相互展开和凝聚，形成网状结构的 Si-O-Si 包裹粉末，使粉末表面被长链覆盖，使无机粉末有机化。

本章为开发一种抑制铝镁合金粉尘爆炸的优良抑爆剂，选取氢氧化镁作为抑爆剂，并用偶联剂 KH-550(γ-氨丙基三乙氧基硅烷) 对其进行表面改性，并开展对铝镁合金粉体爆炸的抑制实验，为铝镁合金粉尘爆炸的防治提供技术支持。

7.2　材料准备与表征

实验所用铝镁合金粉尘由湖南金昊新材料科技股份有限公司生产。为更好地接近生产实际，本实验选择了中位径是 $1.492\mu m$(AM1) 和 $43.81\mu m$(AM2) 的铝镁合金颗粒作为实验样品。其粒径分布如图 7-1 所示。实验选用无锡市亚泰联合化

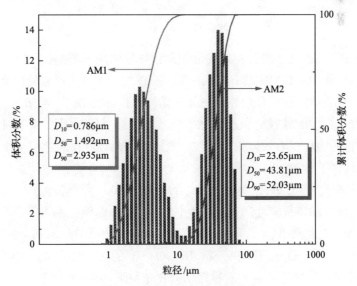

图 7-1　铝镁合金粉尘粒径分布

工有限公司生产的微米级氢氧化镁(MH)作为抑爆剂,使用偶联剂 KH-550(γ-氨丙基三乙氧基硅烷)对 MH 进行表面改性。

　　首先将一定量的粉体放入 500mL 三口烧瓶中,加入 250mL 水,以 300r/min 的速度搅拌,同时将混合物加热至 85℃。偶联剂 KH-550 在杯中进行预水解,偶联剂的用量为粉体质量的 2%,水：偶联剂=4：1,水解时间为 30min。用滴管将偶联剂预水解液滴入烧瓶,继续搅拌 1h,抽滤、洗涤 3 遍。在 55℃的真空环境下干燥 24h,得到改性 MH。MH 改性前后的粒径分布如图 7-2 所示。改性前 MH 的中位粒径为 3.020μm,改性后中位粒径为 2.748μm。

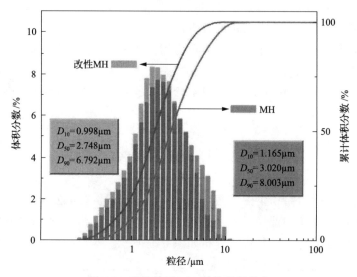

图 7-2　改性前后 MH 粉体粒径分布

　　采用 SEM 观察改性前后 MH 的形貌及颗粒分散性。改性前后 MH 的 SEM 图像如图 7-3 所示。由于 MH 具有高表面能,MH 发生了较为严重的团聚现象。

　　改性 MH 粉体颗粒的形貌轮廓更加明显,分布更加均匀,与未改性的 MH 相比,它具有更均匀的粒径分布和更好的分散性。这可能是因为当 MH 被偶联剂 KH-550 改性时,可以有效地减少颗粒的表面能,减缓颗粒间的相互作用(空间位阻效应),减轻了粉末的团聚倾向。

　　采用傅里叶变换红外光谱仪(FTIR,Nicolet 380,热摩尔电子公司,美国)测定 MH 改性前后的特征官能团。图 7-4 中的 a、b、c 曲线分别为偶联剂 KH-550、MH、改性 MH 的红外光谱。曲线 a 中,1166.99cm^{-1} 和 1078.35cm^{-1} 处分别对应的是 KH-550 中 Si—O—CH$_3$ 和链状 Si—O—C 的振动吸收峰,792.82cm^{-1} 和 1442.71cm^{-1} 对应于 Si—CH$_2$ 的对称振动吸收峰和非对称振动吸收峰,2974.54cm^{-1}

和 2885.30cm^{-1} 是 KH-550 中 C—H 中不对称拉伸振动吸收峰和对称拉伸振动动态吸收峰。

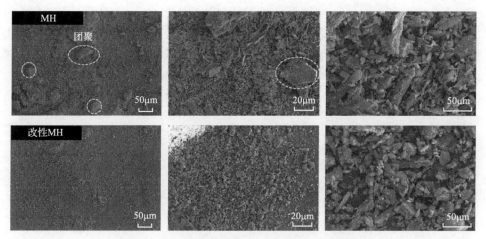

图 7-3　MH 粉体和改性 MH 粉体的 SEM 图像

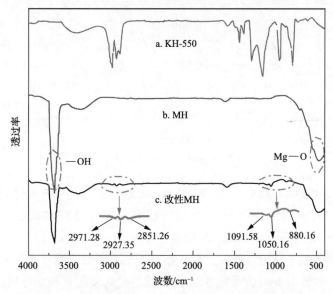

图 7-4　偶联剂 KH-550、MH、改性 MH 的红外光谱

　　在曲线 c 中，1091.58cm^{-1} 是 Si—O—C$_2$H$_5$ 中 Si—O 的拉伸振动吸收峰，2927.35cm^{-1} 以及 2851.26cm^{-1} 分别对应—C—H 在 CH$_2$—中的不对称拉伸振动吸收峰和对称拉伸振动吸收峰。与曲线 a 相比，这些是偶联剂 KH-550 的特性在与 MH 表面相互作用后，特征吸收峰略有偏移。由此得出，偶联剂 KH-550 在 MH 表面发生了化学吸附，偶联剂与 MH 发生表面缩合反应。1050.16cm^{-1} 对应于 Si—O—Si

中 Si—O 的不对称拉伸振动吸收峰，表明偶联剂 KH-550 吸附在 MH 表面发生自聚合。

　　在曲线 b 和 c 中，分别设定 3695.82cm^{-1} 和 471.23cm^{-1}，MH 应该与—OH 和 Mg—O 的特征吸收峰相关联。通过两者的对比可以发现，由偶联剂 KH-550 改性后的 MH 在这两处的吸收峰强度明显弱于没有改性的 MH。这是由于偶联剂 KH-550 与 MH 表面发生缩合反应的同时，自聚合反应也发生了，使得 MH 粉体表面接枝了润湿油这个团体。结果表明，偶联剂的亲水端直接与氢氧化镁表面的羟基形成共价键，见图 7-5。

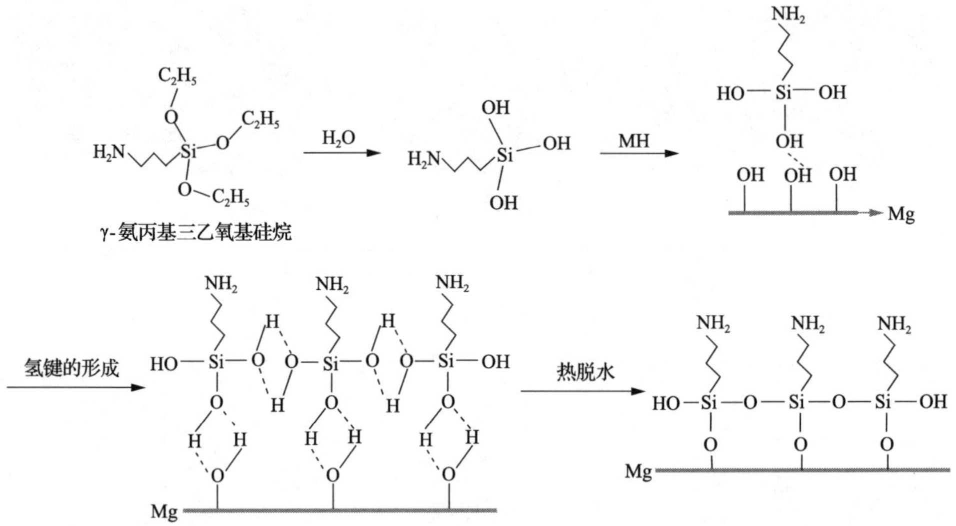

图 7-5　偶联剂 KH-550 改性原理图

　　利用 SDT Q600 V20.9 Build 20 设备，对改性前后的 MH 粉体进行热重分析 (TG) 和差示扫描量热分析 (DSC)，加热程序设置为 10～800℃，加热速率为 10℃/min。MH 粉体改性前后的 TG-DSC 曲线如图 7-6 所示。在 TG 曲线中，未改性 MH 的失重开始于 320℃左右，大约为 31.27%；表面改性对 MH 粉体的失重没有明显影响，改性后 MH 失重约 31.08%，这是硅烷使用量较小导致的。

　　然而，改性 MH 的分解温度为 334℃，略高于未改性 MH，这可能是改性 MH 表面有机层的碳化引起的。在 MH 粉体的 DSC 曲线中，对 MH 的吸热峰进行修正，改性 MH 粉体的吸热峰比 MH 粉体更尖锐，氢氧化镁的热流最高为 5.3W/g，氢氧化镁粉末的热通率最高，通过计算峰面积，改性 MH 减重过多，该过程的吸热量为 1.34kJ/g 左右，未改性 MH 吸热量为 1.19kJ/g 左右，改性 MH 吸热多了

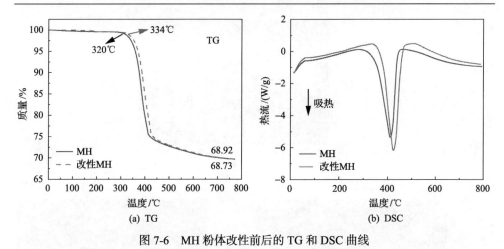

(a) TG

(b) DSC

图 7-6　MH 粉体改性前后的 TG 和 DSC 曲线

150J/g，提升近 12.6%。这也表明相同质量的改性 MH 粉体在爆炸反应体系中可以吸收更多的能量。

7.3　改性氢氧化镁对铝镁合金粉尘爆炸火焰的抑制效果

　　铝镁合金粉尘爆炸火焰传播图像如图 7-7、图 7-8 所示。AM1 爆炸火焰传播图像如图 7-7(a) 所示，当 $t=24$ms 时，靠近点火电极的位置出现明显的黄色火焰，并伴随部分白光，随着时间的增加，铝镁合金粉尘爆炸火焰逐渐变得明亮，并在点火电极周围自由扩散。随着燃烧的继续，当 $t=120$ms 时，火焰前沿到达垂直玻璃管顶端，此时结构轮廓清晰，颜色也变得更加明亮。这可能是因为未反应粒子进一步催化分解，气相燃烧区域扩大，并逐渐占据主导地位。从图 7-7(b)、(d) 可以看出，在添加了 MH 粉体后，火焰传播得到明显抑制，并且添加量越大抑爆效果越明显，当添加 20% MH 粉体时，火焰由亮黄色变为暗黄色，到达垂直玻璃管顶部的时间也增加到 220ms。当添加 40% MH 粉体时，火焰变为暗橙色，火焰高度得到明显的抑制，当 $t=320$ms 时，火焰还未到达垂直玻璃管顶端，火焰的形状也变得离散、不规则，在玻璃管中上部出现了明显的大面积断裂，这可能是因为在不规则的火焰中有许多未燃烧的铝镁合金粉尘颗粒，导致可燃挥发性气体浓度降低，气相燃烧区域缩减。如图 7-7(c)、(e) 所示，当添加改性 MH 粉体后，抑制效果明显好于 MH 粉体，火焰颜色进一步变暗，当添加量为 40% 时，火焰高度明显变低，并在垂直玻璃管底部出现大面积的断裂。

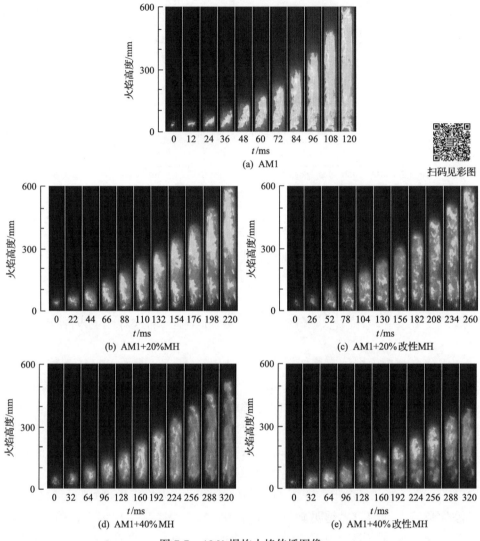

(a) AM1

扫码见彩图

(b) AM1+20%MH

(c) AM1+20%改性MH

(d) AM1+40%MH

(e) AM1+40%改性MH

图 7-7　AM1 爆炸火焰传播图像

　　AM2 爆炸火焰传播图像如图 7-8(a)所示。相比与 AM1 爆炸火焰，AM2 爆炸火焰前缘的形态是不对称的。这可能是由于在火焰前缘的铝镁合金粉尘云浓度分布不均匀，导致铝镁合金粉尘颗粒热解气化生成的可燃挥发性气体分布不均匀，火焰更倾向于在可燃挥发性气体浓度较高的区域内传播。从图 7-8(b)～(e)可以看出，当添加 MH 抑爆剂后，AM2 爆炸火焰相比与 AM1 爆炸火焰更容易得到抑制。当添加 40%改性 MH 粉体后，效果明显，基本抑制住了铝镁合金粉尘爆炸火焰传播。因此，防止铝镁合金粉尘爆炸所需的改性 MH 粉体的含量比 MH 粉体要低。

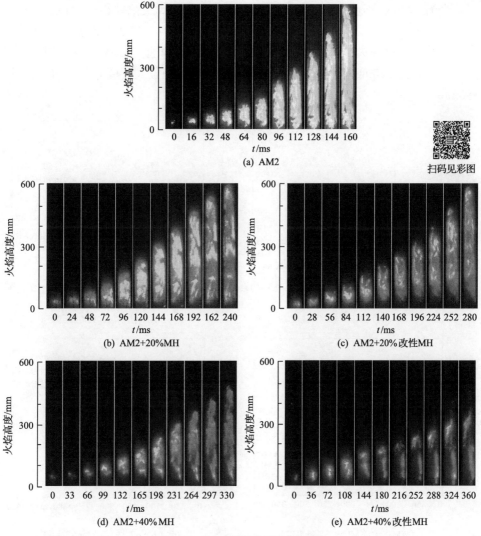

扫码见彩图

图 7-8　AM2 爆炸火焰传播图像

　　根据火焰前锋在不同时刻的图像位置，绘制火焰前锋高度随时间的变化曲线，根据火焰前锋高度的瞬时变化速率计算火焰前锋向上传播速度。定义点火电极的高度(50mm)为火焰传播的起始高度，火焰前锋最远点位置到垂直玻璃管底端的距离为火焰前锋高度。如图 7-9 所示，AM1 爆炸火焰发展非常迅速，火焰的前锋以线性方式向前传播 120ms 后，便传播到垂直玻璃管顶端。AM2 爆炸火焰到达垂直玻璃管顶端的时间相对延长，在 160ms 时到达垂直玻璃管顶端。随着抑爆剂质量分数增加，火焰到达垂直玻璃管顶端的时间逐渐增大。当添加 20% MH 和改性 MH 粉体后，AM1 爆炸火焰前锋到达垂直玻璃管顶端的时间分别减少为 220ms 和 260ms；如图 7-10 所示，AM2 爆炸火焰前锋到达垂直玻璃管顶端的时间分别减少为 240ms 和 280ms。当添加 40% MH 和改性 MH 粉体后，铝镁合金粉尘爆炸火焰前锋已不能到达垂直玻璃管顶端，AM1 爆炸火焰前锋最大高度分别为 520mm 和 400mm；AM2 爆炸火焰前锋最大高度分别为 500mm 和 380mm。

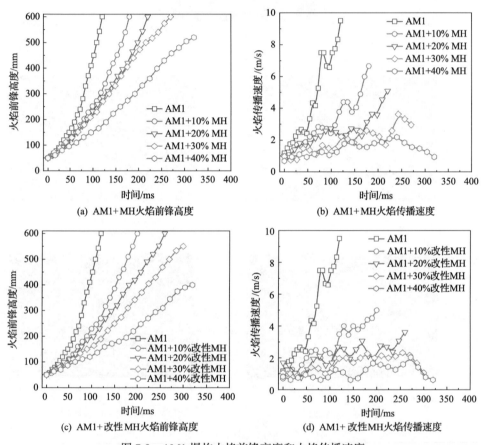

(a) AM1+MH火焰前锋高度

(b) AM1+MH火焰传播速度

(c) AM1+改性MH火焰前锋高度

(d) AM1+改性MH火焰传播速度

图 7-9　AM1 爆炸火焰前锋高度和火焰传播速度

从图 7-9 可看出，AM1 爆炸火焰传播速度随时间逐渐增大。结合图 7-8 的爆炸火焰传播图像可知，在爆炸发生初期，火焰自由蔓延，导致火焰的向上传播速度较慢。大约到 50ms 时，由于玻璃管壁对火焰的约束，铝镁合金粒子被加热和膨胀而产生浮力推动火焰迅速向上传播，火焰前锋高度迅速增大，呈加速发展趋势。在添加了抑爆剂后，火焰传播速度显著降低，且随着抑爆剂质量分数的增加逐渐降低。与 AM1 爆炸火焰相比，AM2 爆炸火焰发展较慢，但同时抑爆剂对 AM2 爆炸火焰的抑制作用也更为显著。在图 7-10 中还存在火焰速度脉动传播现象。这

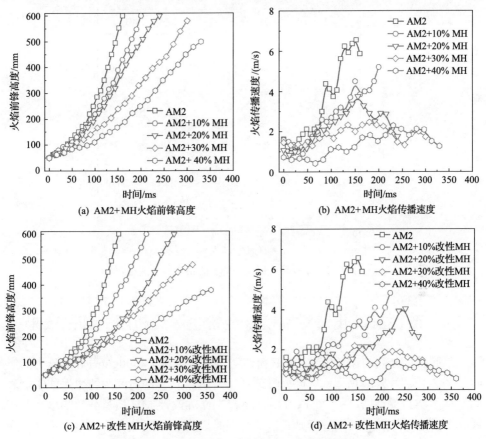

(a) AM2+MH火焰前锋高度

(b) AM2+MH火焰传播速度

(c) AM2+改性MH火焰前锋高度

(d) AM2+改性MH火焰传播速度

图 7-10 AM2 爆炸火焰前锋高度和火焰传播速度

可能是因为粉尘热解时间与火焰预热区的火焰传播速度之间存在负反馈机制。当火焰传播速度足够大时，火焰前缘预热区铝镁合金颗粒的热解时间不足，导致火焰传播速度的维持缺乏热量，从而使火焰传播速度降低。相反，当火焰传播缓慢时，铝镁合金粉尘热解时间增加，导致更多的热量释放，促进燃烧反应，加速火焰传播。此外，高压喷气产生的湍流、流场中的热膨胀和气固两相火焰的不稳定性也对火焰传播速度的脉动起着重要作用。

MH 和改性 MH 粉体对铝镁合金粉尘爆炸火焰最大传播速度的影响如图 7-11 所示。随着抑爆剂质量分数的增加，铝镁合金粉尘爆炸火焰传播速度迅速降低。当 MH 和改性 MH 粉体的添加量为 20%时，AM1 爆炸火焰最大传播速度分别降低了 46.4%和 67.6%，AM2 爆炸火焰最大传播速度分别降低了 60.4%和 64.9%。当 MH 和改性 MH 粉体的添加量为 40%时，AM1 爆炸火焰最大传播速度分别降低了 76.9%和 78.6%，AM2 爆炸火焰最大传播速度分别降低了 68.9%和 79%。

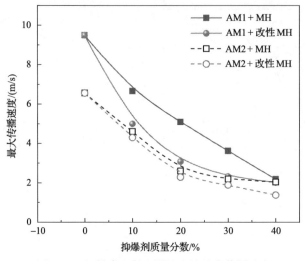

图 7-11　铝镁合金粉尘爆炸火焰最大传播速度

7.4　改性氢氧化镁对铝镁合金粉尘爆炸超压的抑制效果

　　不同质量分数的 MH 和改性 MH 粉体对铝镁合金粉尘(300g/m³)爆炸压力的影响如图 7-12、图 7-13 所示。从点火时刻到压力达到 P_{max} 的时间为粉尘爆炸燃烧时间。从图 7-12 和图 7-13 中可以看出，随着 MH 和改性 MH 质量分数的增大，铝镁合金粉尘爆炸燃烧时间逐渐延长。这可能是因为 MH 吸热分解产生水蒸气，降低空气中的氧气浓度，导致单个铝镁合金颗粒的燃烧时间增加，粉尘云燃烧放热

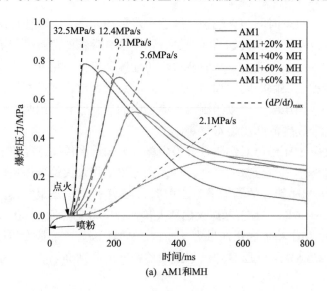

(a) AM1和MH

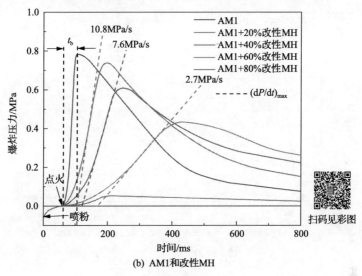

图 7-12　AM1（浓度为 300g/m³）爆炸压力曲线

增加速度变慢了。这样，铝镁合金粉尘在爆炸后达到最大爆炸压力的时间逐渐增加。图 7-12 和图 7-13 中还反映了 AM1 的 $(dP/dt)_{max}$ 为 32.5MPa/s，而 AM2 的 $(dP/dt)_{max}$ 为 17.8MPa/s。这可能是因为小粒径的铝镁合金颗粒扩散速度更快，导致最大爆炸压力上升速率更高。当添加了抑爆剂后，最大爆炸压力上升速率快速下降，当添加了 20%的 MH 或改性 MH 粉体时，AM1 的 $(dP/dt)_{max}$ 分别降低了 61.8% 和 66.8%。

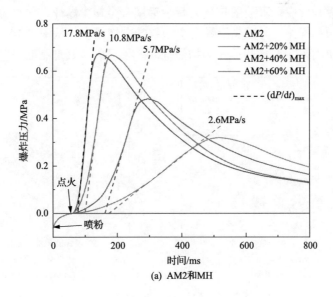

(a) AM2和MH

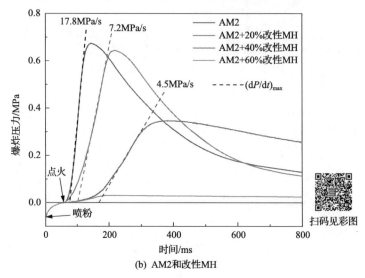

图 7-13　AM2（浓度为 300g/m³）爆炸压力曲线

　　MH 和改性 MH 粉体对不同浓度铝镁合金粉尘最大爆炸压力（P_{max}）的影响如图 7-14、图 7-15 所示。

　　相同浓度下，AM1 的最大爆炸压力明显大于 AM2 最大爆炸压力，且随着铝镁合金粉尘浓度的增大，最大爆炸压力也随之增大。在添加 MH 或改性 MH 粉体后，随着抑爆剂浓度的增大，容器内的最大爆炸压力逐渐降低。这可能是因为有了抑爆剂，铝镁合金粉尘云被稀释，容器内的热传递可以被有效地阻断。更多的抑爆剂可以吸收反应区释放的热量，减少铝镁合金粉尘爆炸，火焰温度阻碍未燃烧的铝和镁颗粒气化，并减少铝镁合金颗粒的燃烧速率。从图 7-14 和图 7-15 中可以看出，使用改性 MH 粉体作为抑爆剂时效果显著，其抑制能力明显优于未改

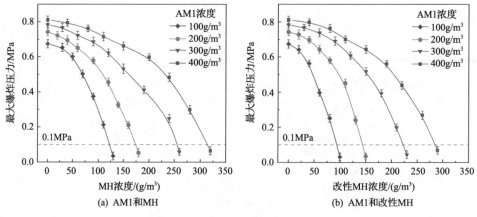

图 7-14　AM1 粉尘最大爆炸压力

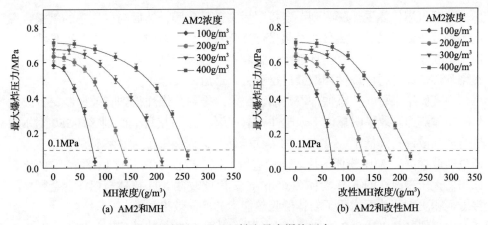

图 7-15　AM2 粉尘最大爆炸压力

性的 MH 粉体。采用 0.1MPa 爆炸压力作为爆炸判据，290g/m³ 的改性 MH 粉体足以抑制 AM1（400g/m³）粉尘爆炸，未改性 MH 粉体则需要 320g/m³；抑制 AM2（400g/m³）粉尘爆炸需要 220g/m³ 的改性 MH 粉体或 260g/m³ 的 MH 粉体。

7.5　改性氢氧化镁对铝镁合金粉尘爆炸的抑制机理

MH 粉体对铝镁合金粉尘爆炸的抑制机理如图 7-16 所示。当铝镁合金粉尘暴露在空气中时，其表面会形成一层由氧化铝和氧化镁组成的氧化膜。爆炸开始时部分悬浮的铝镁合金粉尘颗粒被加热气化生成由气态铝和气态镁组成的可燃气

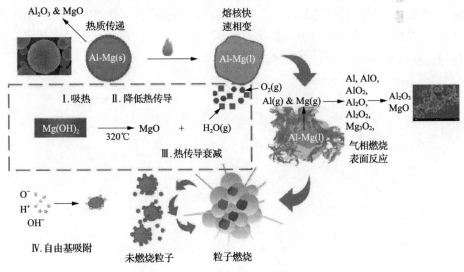

图 7-16　改性 $Mg(OH)_2$ 的抑制机理图

体。这些可燃气体受热膨胀到一定极限后突破氧化膜，然后与空气中的氧混合燃烧，释放热量。最后，热量通过热量传递并被火焰辐射的方式传给附近悬浮的铝镁合金粉尘颗粒，使燃烧循环继续。随着每个连续周期的进行反应逐渐加快，通过剧烈燃烧，使得燃烧循环继续进行下去，最后形成爆炸。

由实验结果可知，添加抑爆剂后，铝镁合金粉尘爆炸得到有效抑制，且改性 MH 粉体的抑制效果明显优于未改性 MH 粉体。通过使用偶联剂 KH-550 对 MH 进行表面改性，降低了 MH 粉体的表面极性，进而缓解了 MH 粉体的团聚现象。通过对改性前后 MH 粉体的比表面积进行测试，改性 MH 粉体($3.01\text{m}^2/\text{g}$)的比表面积要大于未改性的 MH 粉体($2.65\text{m}^2/\text{g}$)。因此改性 MH 粉体与铝镁合金颗粒的接触面积更大，从而增强了粉体的吸热能力和冷却效果。

由于偶联剂 KH-550 添加量较小，因此其对 MH 粉体的抑制机理不会产生影响。当爆炸体系中加入改性 MH 粉体后，爆炸受到 MH 粉体的物理抑制作用和化学抑制作用的双重抑制。物理抑制一是 MH 受热分解成氧化镁和水，吸收爆炸反应体系中的热量，从而降低爆炸系统的温度。由图 7-16 可知，相同质量的改性 MH 比未改性的 MH 吸热量更高；另外，在气化和膨胀过程中，分解产物中的水也可以进一步吸收热量。二是水蒸发形成的气态水与空气中的氧气混合，降低了空气中氧气的浓度，增加可燃气体与氧气反应的难度。三是 MH 受热分解生成的氧化镁粉体耐火隔热性能好。氧化镁粉体附着在铝镁合金颗粒表面，增加了铝镁合金颗粒表面氧化膜的厚度，使得反应区燃烧产物向未燃烧区铝镁合金颗粒的传热减弱。化学抑制主要是 MH 通过捕获爆炸所需自由基来阻断链式反应，如 O·、H·、OH·和其他高能自由基。当这些自由基与 MH 粒子发生碰撞时，它们会被吸附在粒子表面，导致部分链式反应中断，从而进一步降低爆炸强度。改性 MH 粉体相比未改性的 MH 粉体有更大的比表面积，增大了 MH 粉体与铝镁合金颗粒的接触面积，相同质量下可以吸收更多的自由基。

第8章　新型复合粉体对铝粉及铝硅合金粉尘爆炸的抑制研究

8.1　传统抑爆剂与新型抑爆剂

高效的抑爆材料是治理粉尘爆炸的重要技术手段之一。对粉尘爆炸的抑制一直是研究的热点，国内外学者大都采用向爆炸性粉尘中添加抑爆剂的方式进行抑爆。粉体抑爆材料至少具备以下三个特性：①粉体对环境和工作人员不会造成毒害作用，且在高温加热状态下难燃或不燃；②当粉体与反应物接触时，粉体较大的比表面积，使粉体能够接触更多的反应物并相互作用，提高其反应效率；③当可燃粉尘燃烧或爆炸发生时，抑爆粉体的粒径和密度需足够小，使抑爆粉体能够较长时间悬浮在空气中并发挥其抑制作用。近些年来，在抑爆粉体材料的研究中，国内外众多学者进行了深入研究并取得了一定进展。抑爆粉体材料无毒无害，抑爆效果优良，应用广泛。添加抑爆剂是抑制粉尘爆炸的常用方法之一。

然而，目前对于复合粉体抑爆剂的研究还较少，对于复合粉体抑爆剂的制备技术及抑制作用还不够成熟。因此，研究高效复合粉体抑爆剂对工业粉尘抑爆具有重要意义。

载体材料的选择是开发复合粉体抑爆剂的基础。在制铝工业中，提取氧化铝的过程常常排出一些污染性废渣，称为赤泥。赤泥的主要成分是 Fe_2O_3、Al_2O_3、SiO_2、CaO。它有许多特点，如多微孔、比表面积大、耐高温、吸热性能好、悬浮力好等，因此，赤泥非常适合作为载体。高岭土是一种无卤、无二次污染的环保型材料，它有许多特点，如比表面积大、耐高温、吸热性能好、悬浮力好等。硅藻土是一种环境友好型材料，它有许多特点，如多微孔、比表面积大、耐高温、吸热性能好、悬浮力好等，因此，硅藻土适合作为负载载体。

磷酸二氢钙也是一种优良的铝粉爆炸化学活性抑爆剂，可与其他载体材料相结合，形成一种新型的复合粉体抑爆剂。碳酸氢钠是一种优良的铝粉爆炸化学活性抑爆剂，可与其他载体材料相结合，形成一种新型的复合粉体抑爆剂。

在本章中，以改性后的工业固体废渣赤泥为载体，采用溶剂-反溶剂法负载磷酸二氢钙颗粒，制备磷酸二氢钙/赤泥复合粉体。采用粉尘云最小着火能量实验系统和 20L 球形爆炸罐实验系统评价磷酸二氢钙/赤泥复合粉体对铝粉尘爆炸火焰传播和爆炸超压的抑制效果，并对复合粉体的抑制机理进行分析。以高岭土为载体，采用反溶剂-溶剂法负载碳酸氢钠颗粒，成功制备碳酸氢钠/高岭土复合粉体抑爆剂。以多孔硅藻土为载体，采用高压冲击法负载碳酸氢钠颗粒，成功制备碳酸氢钠/硅藻土复合粉体抑爆剂。采用粉尘云最小着火能量实验系统测试抑爆剂对铝粉尘爆炸火焰传播抑制效果，采用 20L 球形爆炸罐实验系统测试抑爆剂对铝粉尘爆炸压力的抑制效果，并对复合粉体抑爆剂的抑制机理进行分析。

8.2 新型复合粉体抑爆剂的制备与表征

8.2.1 新型复合粉体抑爆剂的制备

1. 核-壳结构的磷酸二氢钙/赤泥复合粉体抑爆剂

实验前将赤泥粉碎，并用 325 目金属丝筛网进行筛分。实验时，首先对赤泥进行改性处理。将 25g 赤泥粉体和 100mL 蒸馏水均匀混合；缓慢加入 6mol/L 的稀盐酸溶液 150mL，水浴加热 85℃，并恒温搅拌 2h。当反应液冷却至室温后，用氨水调节 pH 为 7.8，进行沉淀和凝胶。加入 150mL 乙醇，在 50℃下恒温搅拌 0.5h，静止 24h，使沉淀完全析出。抽滤过程中使用蒸馏水反复洗涤，去除沉淀中的杂质离子，经过干燥、研磨后得到改性赤泥材料。然后，以改性赤泥为基体，利用溶剂-反溶剂法制备磷酸二氢钙/赤泥复合粉体。主要步骤如下：称取 1.5g 的磷酸二氢钙（分析纯）制备磷酸二氢钙饱和溶液；称取 5g 改性赤泥，分散至无水乙醇中，并进行磁力搅拌使之形成悬浊液；在磁力搅拌下，将制备好的悬浊液倒入磷酸二氢钙饱和溶液中；添加完毕后继续搅拌 2h，在分散器中分散 30min，并使之滤出沉淀，在 30℃下真空干燥 12h。最终得到磷酸二氢钙/赤泥复合粉体抑爆剂。

2. 碳酸氢钠/高岭土复合粉体抑爆剂

实验所用的碳酸氢钠/高岭土复合粉体抑爆剂通过碳酸氢钠和高岭土反溶剂-溶剂法复合而成。复合粉体制备时选取去离子水和无水乙醇分别作为溶剂和反溶剂，首先制备一定浓度的碳酸氢钠溶液，磁力搅拌 2h 使其溶解充分；将高岭土在球磨机上粉碎，称取一定量梯度的无水乙醇并加入高岭土，在磁力搅拌器的作用下形成悬浊液；将配好的碳酸氢钠溶液缓慢加入高岭土悬浊液中，继续搅拌 3h，并使用超声分散器分散 30min，静置 4h 使之析出沉淀。设置干燥温度为 30℃，在真空干燥箱中干燥 12h，即可得到不同负载量的碳酸氢钠/高岭土复合粉体抑爆剂。

3. 碳酸氢钠/硅藻土复合粉体抑爆剂

对碳酸氢钠粉体和硅藻土粉体进行复配处理前，首先将硅藻土在球磨机上粉碎, 然后利用气流粉碎机(图 8-1)进行粉体复配, 在气流粉碎机中碳酸氢钠粉体和硅藻土粉体被两股高压高速气流冲击并迅速分散, 两组粉体在机器内进行碰撞、摩擦和结合等, 使其均匀分散、机械冲击包覆和细小颗粒粉碎, 最终得到碳酸氢钠/硅藻土复合粉体抑爆剂, 并用 800 目金属丝筛网进行筛分。高压冲击法解决了碳酸氢钠耐热性能差的缺点, 在整个制备过程采用干法复合, 避免了后期的干燥处理。

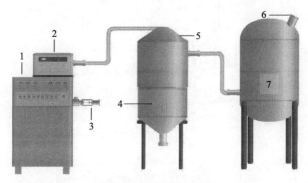

图 8-1 高压冲击法设备

1. 控制台; 2. 气流粉碎机; 3. 进气阀; 4. 储电箱; 5. 高速分离机; 6. 分支; 7. 收集袋

4. 磷酸二氢钾/蒙脱石复合粉体抑爆剂

以蒙脱石为基体, 利用溶剂-反溶剂法制备磷酸二氢钾/蒙脱石复合粉体。主要步骤如下: 称取 1.5g 的磷酸二氢钾制备磷酸二氢钾饱和溶液; 称取 5g 蒙脱石粉, 分散至无水乙醇中, 并用磁力搅拌加速其形成悬浊液; 将制备好的蒙脱石粉悬浊液与磷酸二氢钾饱和溶液混合; 混合后用磁力搅拌机继续搅拌 2h, 超声分散 30min, 最后在 30℃下真空干燥 48h, 最终得到磷酸二氢钾/蒙脱石复合粉体抑爆剂。

5. 磷酸二氢钾/二氧化硅复合粉体抑爆剂

实验所用铝粉购自南宫市特雷克金属制品有限公司, 磷酸二氢钾和二氧化硅粉体由济南众杰生物科技有限公司生产。制备实验所用的磷酸二氢钾/二氧化硅复合粉体抑爆剂时, 先称取一定量的磷酸二氢钾和二氧化硅粉体, 将其放置在干燥箱中干燥, 干燥温度为 60℃, 时间为 24h, 干燥完成后按不同质量配比在球磨机中混合研磨, 按照磷酸二氢钾的含量, 制备出不同负载量的磷酸二氢钾/二氧化硅复合粉体抑爆剂。

8.2.2 新型复合粉体抑爆剂的表征

1. 核-壳结构的磷酸二氢钙/赤泥复合粉体抑爆剂

XRD 曲线可以用于对比样品粉体的物相差别, 通过研究曲线峰值的大小及出

现的位置,观察磷酸二氢钙与赤泥的复合情况。图 8-2 是复合前后赤泥粉体的 XRD
图谱。复合粉体中 XRD 曲线出现了磷酸二氢钙晶体的特征衍射峰,并且保留了
赤泥的衍射峰。实验结果表明,赤泥载体已成功负载磷酸二氢钙。

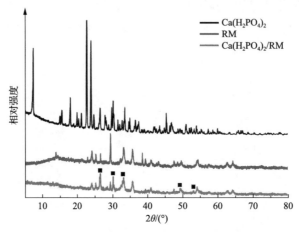

图 8-2　磷酸二氢钙和赤泥的 XRD 图谱

　　利用 SEM 观察了赤泥和复合粉体的形貌特征。赤泥载体和复合粉体的 SEM 图
像如图 8-3 所示。赤泥载体孔隙较大,积聚效应明显;负载磷酸二氢钙后的复合粉
体颗粒,赤泥颗粒表面被重结晶过程析出的磷酸二氢钙晶体覆盖,大量的磷酸二氢
钙晶体分散在赤泥颗粒表面,可以清晰观察到类核-壳结构的形貌特征。SEM 测定
结果表明,通过溶剂-反溶剂法实现了磷酸二氢钙和赤泥两种不同材料的成功复合。
并采用 Mastersizer 2000 激光粒度分析仪测定了磷酸二氢钙/赤泥复合粉体的粒径分
布。图 8-4 给出了磷酸二氢钙/赤泥复合粉体的粒径分布情况,结果表明复合粉体颗
粒大小较为均匀,中位粒径在 4μm 左右。

(a) 赤泥

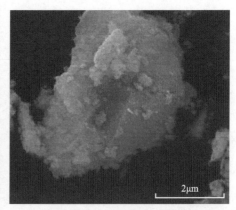

(b) 磷酸二氢钙/赤泥复合粉体抑爆剂

图 8-3　抑爆剂 SEM 图像

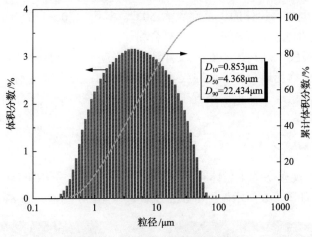

图 8-4　复合粉体抑爆剂粒径分布

　　用热重分析仪分析了赤泥和复合粉体的热分解特性，实验以 10℃/min 的升温速率从室温升至 800℃。图 8-5 为赤泥和磷酸二氢钙/赤泥复合粉体样品的 TG-DTG 曲线。从图 8-5 中 TG 曲线可以看出：前期由于赤泥的失水，赤泥失重速率较快，之后赤泥的 TG 曲线变得平稳下降，温度达到 800℃的总失重率为 18%。

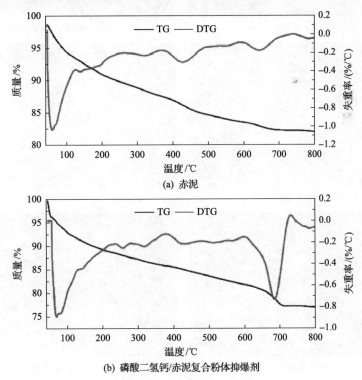

(a) 赤泥

(b) 磷酸二氢钙/赤泥复合粉体抑爆剂

图 8-5　赤泥和磷酸二氢钙/赤泥复合粉体的 TG-DTG 曲线

磷酸二氢钙/赤泥复合粉体的失重起点为 50℃。其中，50～120℃内，由于磷酸二氢钙/赤泥复合粉体表面吸附水蒸发，复合粉体产生少量失重；200～300℃的失重阶段主要是由磷酸二氢钙热解失去水引起的；当温度达到 600～700℃，复合粉体内存在的氢氧化物受热分解，此时失重率有所增加；当温度达到 700℃后，复合粉体的质量趋于稳定，失重率接近于 0。在该测试条件下，复合粉体最终的失重率为 23.2%左右。

2. 碳酸氢钠/高岭土复合粉体抑爆剂

利用 SEM 观察高岭土载体和碳酸氢钠/高岭土复合粉体抑爆剂的形貌特征，SEM 观察结果如图 8-6 所示。图 8-6(a)为高岭土 SEM 图像，图 8-6(b)～(f)分别

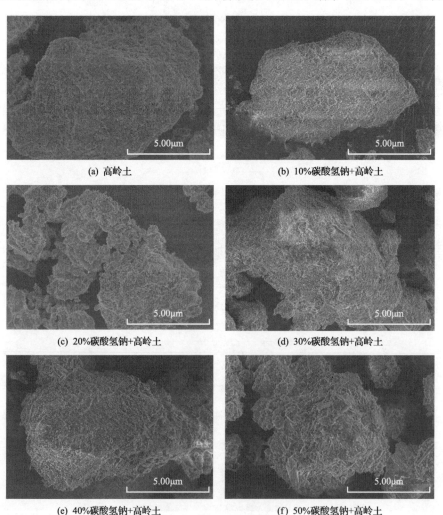

图 8-6　高岭土和碳酸氢钠/高岭土复合粉体抑爆剂 SEM 图像

为加入 10%、20%、30%、40%、50%的碳酸氢钠制备的 5 组碳酸氢钠/高岭土复合粉体抑爆剂 SEM 图像。从图 8-6 中可以看出，负载前的高岭土颗粒粒径较大，表面平整密实，负载后的高岭土颗粒被碳酸氢钠晶体覆盖，大量的碳酸氢钠晶体分散在高岭土颗粒表面，呈现出相对蓬松的鳞片状结构。

图 8-7 为一定量的高岭土中分别加入 10%、20%、30%、40%、50%的碳酸氢钠时制备出的 5 组碳酸氢钠/高岭土复合粉体抑爆剂的 EDS 能谱图，各组粉体元素组成见表 8-1。由表 8-1 可知，碳酸氢钠/高岭土复合粉体抑爆剂具有碳酸氢钠和高岭土粉体的特征元素，根据表 8-1 的元素含量进行计算，得到碳酸氢钠含量为40%和50%时制备出的复合粉体抑爆剂所含碳酸氢钠的量为 37.76%和 38.03%，当

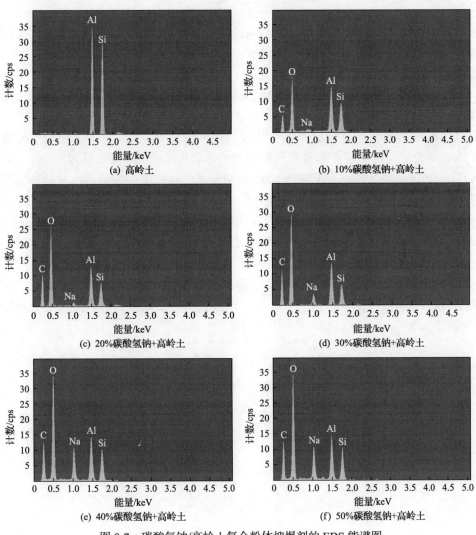

图 8-7　碳酸氢钠/高岭土复合粉体抑爆剂的 EDS 能谱图

表 8-1　粉体主要元素含量

样品	主要元素含量/%				
	C	O	Na	Si	Al
高岭土	0.0	0.0	0.0	37.3	42.6
10%碳酸氢钠+高岭土	4.41	35.12	2.40	28.04	30.03
20%碳酸氢钠+高岭土	6.44	39.65	5.29	22.48	26.14
30%碳酸氢钠+高岭土	7.67	41.96	6.52	19.14	24.81
40%碳酸氢钠+高岭土	8.72	47.96	8.52	13.99	20.81
50%碳酸氢钠+高岭土	8.83	48.25	8.26	13.38	19.77

添加 50%的碳酸氢钠时，大量的碳酸氢钠没有成功附着在高岭土上，影响实验结果，考虑经济因素和实验目的，所以本实验采用添加 40%的碳酸氢钠制备出的碳酸氢钠/高岭土复合粉体抑爆剂。

　　碳酸氢钠/高岭土复合粉体和碳酸氢钠粉体热重测试如图 8-8 所示，实验是以 10℃/min 的升温速率从 50℃升至 800℃，从 TG 曲线可以看出，碳酸氢钠/高岭土复合粉体抑爆剂失重分为两个阶段，第一阶段为 70~150℃，质量下降约18%，主要是由样品表面水蒸发和碳酸氢钠热解失水引起；第二阶段为 500℃以后，在测试条件下，质量下降约 10%，主要是由高岭土失去结晶水及杂物的蒸发引起。如图 8-8(b)所示，碳酸氢钠在第一阶段为 70~150℃，质量下降约 35%，主要是由碳酸氢钠吸热分解引起。DTG 曲线上最大失重速率对应的温度为 120℃，碳酸氢钠粉体从 70℃就开始发生分解，直到 150℃分解完成。碳酸氢钠和碳酸氢钠/高岭土复合粉体的 DSC 曲线也具有相同的吸热过程，可以表现出三个吸热峰：第一个吸热峰出现在 50~70℃，这是由粉体表面吸附水而发生蒸发吸热所致；第二个吸热峰出现在 70~100℃，该过程归因于碳酸氢钠晶体发生吸热分

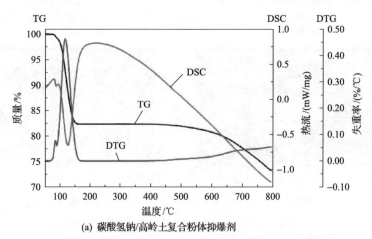

(a) 碳酸氢钠/高岭土复合粉体抑爆剂

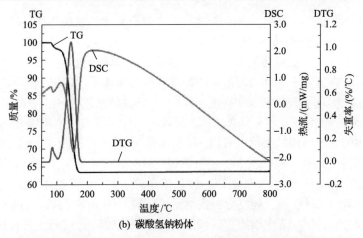

(b) 碳酸氢钠粉体

图 8-8　碳酸氢钠/高岭土复合粉体和碳酸氢钠粉体热重分析

解；第三个吸热峰出现在 100～160℃，该过程是碳酸氢钠晶体分解的水分子吸收反应中的热量。

3. 碳酸氢钠/硅藻土复合粉体抑爆剂

硅藻土、碳酸氢钠、碳酸氢钠/硅藻土复合粉体的 XRD 测试结果如图 8-9 所示，硅藻土晶体主要以二氧化硅的形式存在，碳酸氢钠/硅藻土复合粉体的 XRD 特征衍射峰分别与碳酸氢钠和硅藻土粉体的衍射峰具有重合衍射峰，碳酸氢钠的重合衍射峰出现在 $2\theta = 26.27°$、$31.45°$、$47.71°$、$57.42°$，二氧化硅的重合衍射峰出现在 $2\theta = 21.28°$、$28.81°$、$36.57°$、$55.32°$，该结果表明，所制备的样品中，碳酸氢钠和硅藻土两种组分成功复合。

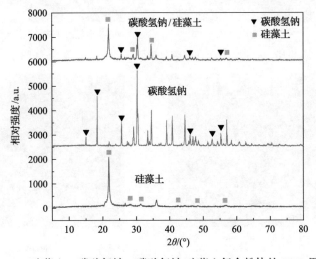

图 8-9　硅藻土、碳酸氢钠、碳酸氢钠/硅藻土复合粉体的 XRD 图谱

　　利用 SEM 观察硅藻土和碳酸氢钠/硅藻土复合粉体的形貌特征，硅藻土载体和碳酸氢钠/硅藻土复合粉体的 SEM 图像如图 8-10 所示，负载前的硅藻土载体颗粒粒径较大，表面多孔，负载后的粉体颗粒被碳酸氢钠晶体覆盖，并且大量的碳酸氢钠晶体均匀分散在硅藻土载体表面形成一种簇状的形貌特征，SEM 观察结果表明，通过高压冲击法实现了碳酸氢钠和硅藻土两种不同材料的成功复合。图 8-11(a)、(b)和(c)分别为碳酸氢钠/硅藻土复合粉体、硅藻土粉体、碳酸氢钠粉体 EDS 能谱图，由三种粉体的元素组成结果可以看出，碳酸氢钠/硅藻土复合粉体具有碳酸氢钠和硅藻土粉体的特征元素，根据表 8-2 的数据进行计算，结果表明 C/Na 的质量比约为 0.45，对比上述 XRD 衍射结果，可以推测包覆在载体上的表面晶体可能是碳酸氢钠。采用 Mastersizer 2000 激光粒度分析仪测定了碳酸氢钠粉体和碳酸氢钠/硅藻土复合粉体的粒径分布，图 8-12 中给出了碳酸氢钠粉体和碳酸氢钠/硅藻土复合粉体的粒径分布情况，两个粉体的粒径都集中在 3～25μm，结果表明复合粉体颗粒大小均匀，碳酸氢钠粉体中位粒径在 13μm 左右，复合粉体中位粒径在 14μm 左右，表明碳酸氢钠粉体在含有硅藻土之后，粒径大小略有增加，但仍控制在较小粒径，和铝粉尘粒径相同。结果表明高压冲击法制备复合粉体，粉体粒径在制备过程中是可控的。

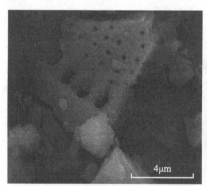
(a) 单体硅藻土

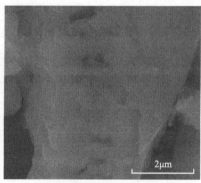
(b) 碳酸氢钠/硅藻土复合粉体

图 8-10　单体硅藻土和碳酸氢钠/硅藻土复合粉体 SEM 图像

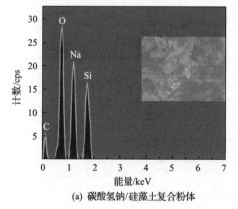
(a) 碳酸氢钠/硅藻土复合粉体

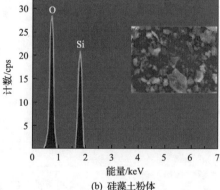
(b) 硅藻土粉体

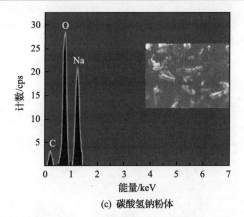

(c) 碳酸氢钠粉体

图 8-11　三种粉体的 EDS 能谱图

表 8-2　三种粉体主要元素含量

样品	主要元素含量/%				
	C	O	Na	Si	Al
硅藻土	0.0	42.6	0.0	37.3	0.0
碳酸氢钠	14.56	53.48	31.88	0.0	0.0
碳酸氢钠/硅藻土复合粉体	8.67	41.96	23.81	16.14	2.08

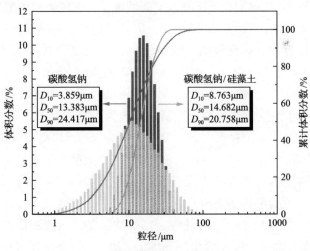

图 8-12　粒径分布

图 8-13 给出了三种粉体的红外光谱图,碳酸氢钠/硅藻土复合粉体具有碳酸氢钠和硅藻土主要官能团的红外特征吸收峰。图 8-13 中最强的吸收峰出现在 $3400cm^{-1}$ 处,这是由于碳酸氢钠本身含有 O—H 键,而硅藻土($SiO_2 \cdot nH_2O$)粉体含

有水分,水分子会分解出大量的 OH·基团。硅藻土的主要物质为二氧化硅,对比复合粉体和硅藻土的谱图,在波数为 1100cm^{-1} 处检测到 Si—O 键。对比复合粉体,碳酸氢钠的其他特征峰伸缩振动波数分别在 1390cm^{-1} 和 1620cm^{-1},分别为 C=O 键和 C—O 键。

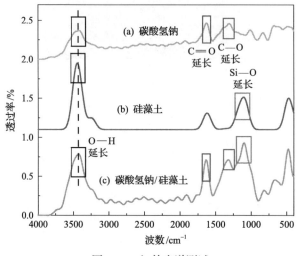

图 8-13　红外光谱测试

如图 8-14 所示,用热重分析仪测试了碳酸氢钠、硅藻土和碳酸氢钠/硅藻土复合粉体的热分解特性,实验是以 10℃/min 的升温速率从 50℃升至 800℃进行的,从 TG 曲线可以看出,碳酸氢钠和碳酸氢钠/硅藻土复合粉体样品具有相似的失重趋势,硅藻土质量基本不变。碳酸氢钠和碳酸氢钠/硅藻土复合粉体失重分为三个阶段,第一阶段为 50~150℃,质量下降 20%,主要由碳酸氢钠/硅藻土复合粉体表面吸附水的受热蒸发引起。第二阶段为 150~700℃,质量下降 19.5%,主要是由碳酸氢钠热解失去水引起。第三阶段为 700℃以后,仅以 1%的质量损失表明复合粉体在 700℃后变得稳定。DTG 曲线上最大失重速率对应的温度为70℃,碳酸氢钠粉体从 50℃开始发生分解,直到 210℃分解完成。碳酸氢钠和碳酸氢钠/硅藻土复合粉体的 DSC 曲线也具有相同的吸热过程,可以看出碳酸氢钠/硅藻土复合粉体表现出三个吸热峰,而碳酸氢钠只表现出前两个吸热峰,三个吸热峰分别是:第一个吸热峰出现在 50~130℃,这是由复合粉体表面吸附水而发生蒸发吸热所致;第二个吸热峰出现在 130~180℃,该过程归因于碳酸氢钠晶体发生吸热分解;第三个吸热峰出现在 180~260℃,该过程是硅藻土的主要物质二氧化硅吸收反应中的热量。

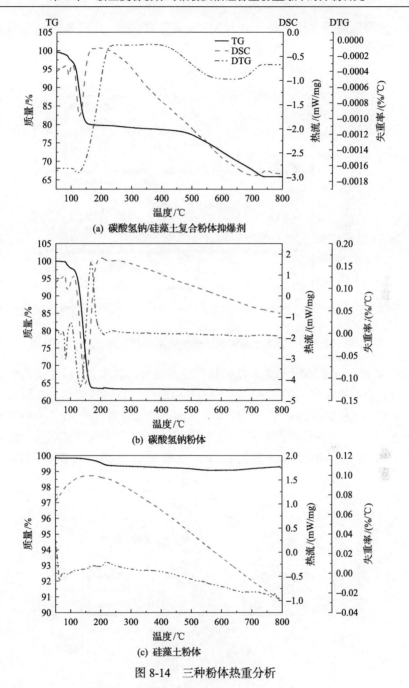

(a) 碳酸氢钠/硅藻土复合粉体抑爆剂

(b) 碳酸氢钠粉体

(c) 硅藻土粉体

图 8-14　三种粉体热重分析

4. 磷酸二氢钾/蒙脱石复合粉体抑爆剂

图 8-15 分别为蒙脱石、磷酸二氢钾和两者复合后的 XRD 图谱。通过 X 射线

衍射实验发现蒙脱石主要由 Si、Al 和 Mg 的氧化物组成。从图 8-15 可以看出，复合粉体同时出现了蒙脱石和磷酸二氢钾的 X 射线特征衍射峰。该结果表明，所制备的样品中，磷酸二氢钾已被蒙脱石所承载。

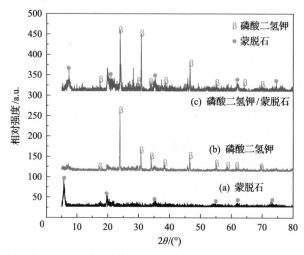

图 8-15　蒙脱石、磷酸二氢钾和磷酸二氢钾/蒙脱石复合粉体 XRD 图

通过 Mastersizer 2000 激光粒度分析仪用湿法分散技术，并以无水乙醇为分散介质，对蒙脱石粉体和磷酸二氢钾/蒙脱石复合粉体进行粒径测试，结果如图 8-16 所示。从图 8-16 中可以看出，蒙脱石粉体和磷酸二氢钾/蒙脱石复合粉体的粒径分布相近，蒙脱石粉体的中位粒径为 11.766μm，复合粉体的中位粒径为 16.429μm。复合粉体中位粒径稍大于蒙脱石粉体，主要是因为蒙脱石粉体与磷酸二氢

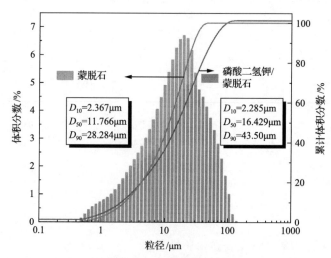

图 8-16　蒙脱石粉体和磷酸二氢钾/蒙脱石复合粉体的粒径分析图

钾粉复合后，磷酸二氢钾附着在蒙脱石粉体表面及缝隙中，结果表明复合粉体颗粒大小较为均匀，且中位粒径控制在较小微米级，具有良好的悬浮性能。利用 SEM 观察蒙脱石粉体和复合粉体的形貌特征，SEM 观察结果如图 8-17 所示。从图 8-17 可以看出：负载前的蒙脱石粉体载体[图 8-17(a)]呈细小鳞片状，表面褶皱；负载后的蒙脱石粉体颗粒[图 8-17(b)]表面被重结晶过程析出的磷酸二氢钾晶体覆盖，大量的磷酸二氢钾晶体附着在蒙脱石粉体颗粒表面形成簇状的形貌特征。通过观察 SEM 图像发现：溶剂-反溶剂法可以将磷酸二氢钾和蒙脱石两种不同粉体成功复合。

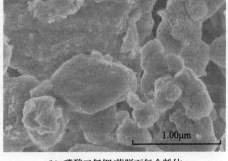

(a) 蒙脱石粉体　　　　　　　　(b) 磷酸二氢钾/蒙脱石复合粉体

图 8-17　负载前后蒙脱石粉体 SEM 图像

　　利用热重分析仪对蒙脱石、磷酸二氢钾和复合粉体进行热分解特性分析，实验是以 10℃/min 的升温速率从室温升至 800℃进行的。蒙脱石、磷酸二氢钾和磷酸二氢钾/蒙脱石复合粉体样品的 TG-DTG 曲线如图 8-18 所示。根据图 8-18 中曲线，按温度范围可将其在空气中的受热过程分为三个阶段。

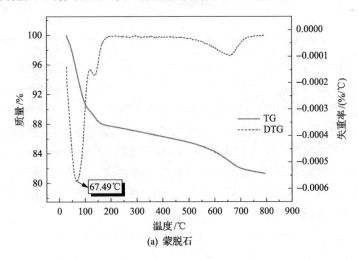

(a) 蒙脱石

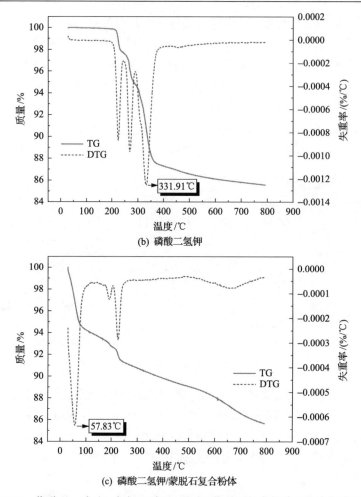

(b) 磷酸二氢钾

(c) 磷酸二氢钾/蒙脱石复合粉体

图 8-18　蒙脱石、磷酸二氢钾和磷酸二氢钾/蒙脱石复合粉体 TG-DTG 曲线图

（1）第一阶段为常温～200℃。TG 曲线上，蒙脱石在室温～200℃连续失重，质量从 100%下降到 87.8%，质量下降了 12.2 个百分点。这是因为蒙脱石在此阶段除了脱去表面吸附水也失去了结晶水。磷酸二氢钾在室温～200℃质量基本不变，说明这种物质在这个阶段热稳定性较强。而磷酸二氢钾/蒙脱石复合粉体在室温～200℃有一个失重阶段，质量从 100%下降到 92.8%，质量下降了 7.2 个百分点，比蒙脱石质量下降的少。这主要是复合粉体中含有热稳定强的磷酸二氢钾，此时蒙脱石和磷酸二氢钾发挥协同化学作用，失重主要是因为复合粉体表面吸附水的受热蒸发引起。

（2）第二阶段为 200～400℃。蒙脱石在这个阶段质量变化不大，但有减小的趋势，而磷酸二氢钾在第二阶段质量大大缩减。在此阶段，从 TG 曲线上可看出磷酸二氢钾的质量从 99.8%快速缩减至 87.2%，质量下降了 12.6 个百分点。这可能是因为在此阶段内，随着温度的不断上升，大量热被磷酸二氢钾吸收，它热分解生成了偏磷酸钾(KPO_3)。磷酸二氢钾受热分解的化学方程式为 $KH_2PO_4 \longrightarrow KPO_3 + H_2O$，根据方程式，理论上磷酸二氢钾分解后质量下降 13.2 个百分点。磷酸二氢钾/蒙脱石复合粉体在 200~400℃时，质量从 92.3%缩减至 89.8%，质量下降了 2.5 个百分点，比磷酸二氢钾质量下降的少。

(3)第三阶段为 400~800℃。从 TG 曲线上可以看到蒙脱石在此阶段连续失重，在 600~700℃之间失重率达到一个峰值，这主要是蒙脱石脱羟基造成的[17, 18]。从 TG 曲线上可以看出磷酸二氢钾在此温度范围内质量变化不大，质量下降了 1.6 个百分点，失重原因可能是少量的偏磷酸钾蒸发。由此推测出，在 400~800℃温度范围内，偏磷酸钾可能发生相变和晶型转变[19]。从磷酸二氢钾/蒙脱石复合粉体的 TG 曲线上看复合粉体质量呈下降趋势，而且同样在 600~700℃之间失重率达到一个峰值，复合粉体结合了蒙脱石和磷酸二氢钾的失重特征。

根据蒙脱石、磷酸二氢钾和磷酸二氢钾/蒙脱石复合粉体样品的 TG-DTG 曲线，对其在空气中的加热过程分为三个阶段进行分析发现：磷酸二氢钾/蒙脱石复合粉体结合了蒙脱石粉体和磷酸二氢钾粉体的失重特性，并能在高温反应中吸收大量的热。

5. 磷酸二氢钾/二氧化硅复合粉体抑爆剂

磷酸二氢钾粉体的 SEM 图像如图 8-19(a)所示，粉体呈块状结构。将不同质量的磷酸二氢钾和二氧化硅粉体在球磨机中研磨，按照磷酸二氢钾的质量分数，制备出不同负载量的磷酸二氢钾/二氧化硅复合粉体抑爆剂，利用 SEM 观察磷酸二氢钾载体和磷酸二氢钾/二氧化硅复合粉体抑爆剂的形貌特征，SEM 观察结果如图 8-19 所示。图 8-19(b)~(f)分别为加入 10%、20%、30%、40%、50%的二氧化硅制备出的 5 组磷酸二氢钾/二氧化硅复合粉体抑爆剂。从图 8-19 中可以看出：负载前的磷酸二氢钾载体颗粒粒径较大，表面没有包裹二氧化硅晶体，负载后的磷酸二氢钾颗粒被二氧化硅晶体覆盖，大量的二氧化硅晶体分散在磷酸二氢钾颗粒表面，呈现簇状结构。

图 8-20 分别加入 40%、50%的二氧化硅时制备出的两组磷酸二氢钾/二氧化硅复合粉体抑爆剂的 EDS 能谱图。由图 8-20 可知，磷酸二氢钾/二氧化硅复合粉体抑爆剂具有磷酸二氢钾和二氧化硅粉体的特征元素，得到加入二氧化硅的含量为 40%和 50%时制备出的复合粉体抑爆剂所含二氧化硅的量为 39.4%和 47.6%，当添加 50%的二氧化硅时，大量的二氧化硅成功附着在磷酸二氢钾上，结合复合粉体抑爆剂的 SEM 分析，负载后的块状颗粒被小颗粒完全覆盖，继续添加过量的二氧化硅粉体，会有大量的小颗粒没有成功附着在块状颗粒上，影响实验结果。考虑经济因素和实验目的，本实验采用添加 50%的二氧化硅制备出磷酸二氢钾/二氧化硅复合粉体抑爆剂。

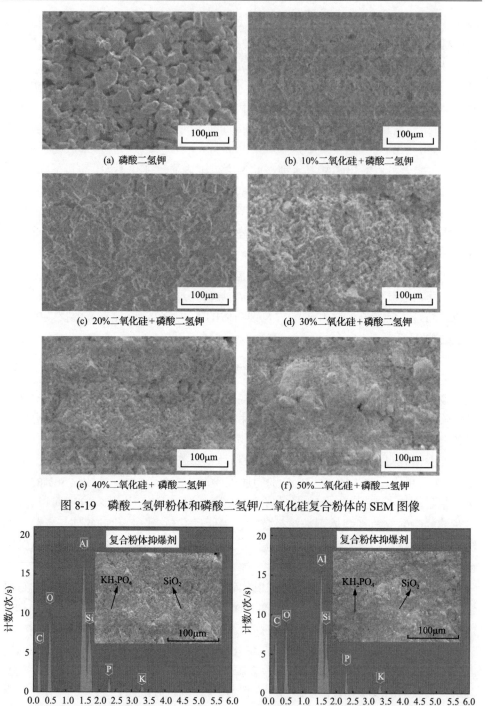

(a) 磷酸二氢钾　　　　　　　　　　　(b) 10%二氧化硅+磷酸二氢钾

(c) 20%二氧化硅+磷酸二氢钾　　　　　(d) 30%二氧化硅+磷酸二氢钾

(e) 40%二氧化硅+磷酸二氢钾　　　　　(f) 50%二氧化硅+磷酸二氢钾

图 8-19　磷酸二氢钾粉体和磷酸二氢钾/二氧化硅复合粉体的 SEM 图像

图 8-20　磷酸二氢钾/二氧化硅复合粉体的 EDS 能谱图

如图 8-21 所示，磷酸二氢钾粉尘的热解过程共经历三个阶段。第一阶段是在 30～200℃，失重率不到 1%，为样品中少量吸附水分的蒸发；第二阶段是在 200～410℃，失重率为 12.6%，主要为磷酸二氢钾吸热分解成偏磷酸钾和水(g)，该阶段 DSC 曲线上出现明显的吸热峰，使磷酸二氢根之间的 OH·基团间脱水；第三阶段是 410～1200℃，在此温度范围内质量变化不大，但从 DSC 曲线上呈现出不同的吸热峰，温度增加到 800℃，达到偏磷酸钾的熔点，所以在这一温度范围内，主要进行偏磷酸钾的晶型转变($KPO_3 \longrightarrow P_2O_5$)。

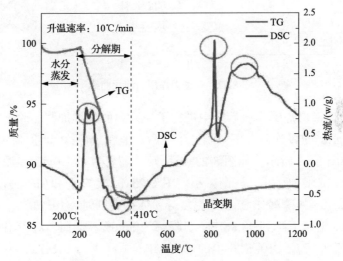

图 8-21　磷酸二氢钾粉体的 TG-DSC 曲线

8.3　新型复合粉体抑爆剂对爆炸的抑制效果

8.3.1　新型复合粉体抑爆剂对爆炸超压的抑制实验

1. 核-壳结构的磷酸二氢钙/赤泥复合粉体抑爆剂

图 8-22 展示了由 20L 球形爆炸罐实验系统所获得的典型爆炸压力演化曲线，图中标出了用于评价粉尘爆炸严重程度的两个重要特征参数：最大爆炸压力(P_{max})和最大爆炸压力上升速率$[(\mathrm{d}P/\mathrm{d}t)_{max}]$。它们是用于评价抑爆剂抑爆效果的重要指标。燃烧时间 t_b 指的是从粉尘云被点燃至爆炸罐中达到最大爆炸压力的时间。图 8-22 给出了爆炸超压判定线，当爆炸超压不超过 0.07MPa(g)时，认为抑爆剂实现了完全抑爆效果。

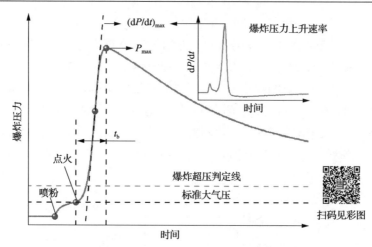

图 8-22　典型爆炸压力演化曲线

在 20L 球形爆炸罐实验系统中进行了一系列的爆炸抑制实验，在铝粉尘云浓度为 300g/m³ 的爆炸条件下，测试了磷酸二氢钙/赤泥复合粉体的抑爆性能，实验结果如图 8-23 所示。如图 8-23(a)所示，随着磷酸二氢钙/赤泥复合粉体抑爆剂的增加，t_b 增加，P_{max} 逐渐减小。图 8-23(b)为 P_{max} 和 $(dP/dt)_{max}$ 的变化趋势。当添加 40%的磷酸二氢钙/赤泥复合粉体抑爆剂时，$(dP/dt)_{max}$ 由纯铝粉尘的 98.6MPa/s 迅速下降到 42.8MPa/s，降幅为 56.6%。然而，对于添加 40%的复合粉体抑爆剂，P_{max} 由纯铝粉尘的 0.72MPa 下降到 0.61MPa，下降幅度仅为 15.3%。随着复合粉体抑爆剂质量分数的增加，$(dP/dt)_{max}$ 的下降幅度趋于平缓。P_{max} 在添加 120%复合粉体抑爆剂时显著下降，P_{max} 由 0.49MPa 降至 0.315MPa。当添加到 200%复合粉体抑爆剂时 P_{max} 降至 0.062MPa，已经降低至爆炸超压判定线以下。在磷酸二氢钙/赤泥复合粉体抑爆剂中，磷酸二氢钙粉体能快速分解并发生熔融相变，能够吸收大量的燃烧热量，并能显著降低 $(dP/dt)_{max}$。对于惰性赤泥，当达到一定浓度时，可以起到明显的隔离作用，影响铝颗粒间的传热，导致反应不完全。为了比较抑爆性能，分别进行了 200%纯磷酸二氢钙和 200%纯赤泥抑制实验。如图 8-23(a)所示，200%纯磷酸二氢钙和 200%纯赤泥的压力曲线都超过了爆炸超压判定线。它们的 P_{max} 和 $(dP/dt)_{max}$ 都要比添加 200%磷酸二氢钙/赤泥复合粉体抑爆剂要高。这表明磷酸二氢钙/赤泥复合粉体抑爆剂要比单一磷酸二氢钙和赤泥的抑爆效果更好。值得注意的是，200%纯磷酸二氢钙的 P_{max} 比 200%纯赤泥要高，但是 $(dP/dt)_{max}$ 却较低。这表明，磷酸二氢钙对 $(dP/dt)_{max}$ 有更显著的抑制效果，而赤泥对 P_{max} 有更显著的抑制作用。

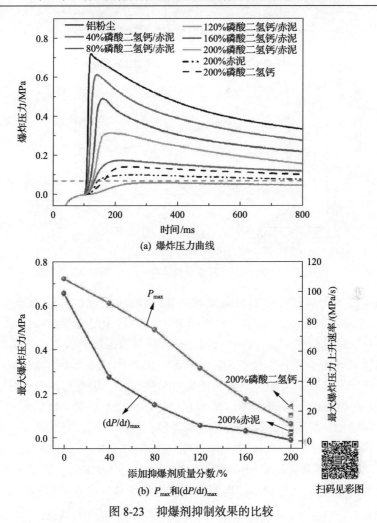

(a) 爆炸压力曲线

(b) P_{max}和$(dP/dt)_{max}$

扫码见彩图

图 8-23　抑爆剂抑制效果的比较

2. 碳酸氢钠/高岭土复合粉体抑爆剂

铝粉尘的爆炸超压抑制测试在 20L 球形爆炸罐实验系统中进行。20L 球形爆炸罐实验系统压力测试曲线如图 8-24 所示，随着碳酸氢钠/高岭土复合粉体抑爆剂质量分数增加，P_{max} 逐渐减小。碳酸氢钠/高岭土复合粉体抑爆剂抑制效果明显，当添加 75%复合粉体抑爆剂时，P_{max} 降至 0.07MPa 以下。为了比较单体与复合粉体的抑爆性能，分别进行了 75%碳酸氢钠和 75%高岭土超压抑制实验，75%碳酸氢钠和 75%高岭土的爆炸压力曲线高于 75%复合粉体抑爆剂，这表明碳酸氢钠/高岭土复合粉体抑爆剂要比单一碳酸氢钠和高岭土的抑制效果更好。

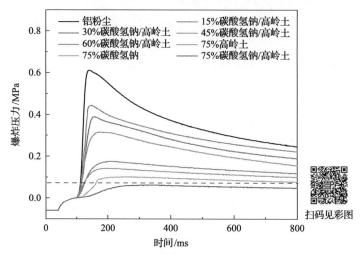

图 8-24　碳酸氢钠、高岭土及其复合粉体与铝粉尘的爆炸压力测试曲线

不同碳酸氢钠质量分数组成的碳酸氢钠/高岭土复合粉体抑爆剂对 P_{max} 和 $(\mathrm{d}P/\mathrm{d}t)_{max}$ 的影响如图 8-25 所示，随着碳酸氢钠/高岭土复合粉体抑爆剂质量分数的增加，对反应过程中 P_{max} 和 $(\mathrm{d}P/\mathrm{d}t)_{max}$ 都有较显著的抑制效果，当添加 15% 的碳酸氢钠/高岭土复合粉体抑爆剂时，$(\mathrm{d}P/\mathrm{d}t)_{max}$ 和 P_{max} 降幅不明显，但随着复合粉体抑爆剂质量分数的增加，碳酸氢钠质量分数增加，碳酸氢钠吸热分解，抑制效果明显，对 $(\mathrm{d}P/\mathrm{d}t)_{max}$ 影响较大。随着复合粉体抑爆剂质量分数的增加，高岭土的含量不断增加，游离的高岭土会形成隔离层，形成不同的温度梯度，也会阻隔爆炸压力的传播，所以对 P_{max} 的影响较大。由图 8-25 中 P_{max} 和 $(\mathrm{d}P/\mathrm{d}t)_{max}$ 变化曲线可以发现，随着复合粉体抑爆剂含量的增加，P_{max} 和 $(\mathrm{d}P/\mathrm{d}t)_{max}$ 都呈现下降趋势，说明碳酸氢钠/高岭土复合粉体抑爆剂对铝粉尘爆炸具有良好的抑制作用。

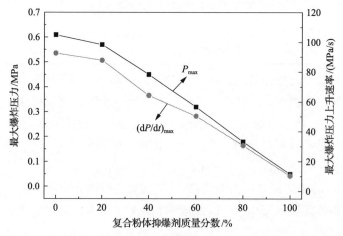

图 8-25　碳酸氢钠/高岭土复合粉体抑爆剂对 P_{max} 和 $(\mathrm{d}P/\mathrm{d}t)_{max}$ 的影响

3. 碳酸氢钠/硅藻土复合粉体抑爆剂

复合粉体抑爆剂的抑爆性能测试在 20L 球形爆炸罐实验系统中进行。20L 球形爆炸罐压力测试曲线如图 8-26 所示，测试结果可以计算出用于评价粉尘爆炸严重程度的两个重要特征参数：最大爆炸压力（P_{max}）和最大爆炸压力上升速率[$(dP/dt)_{max}$]。在 20L 球形爆炸罐实验系统中设置了一系列抑爆实验，每次实验铝粉尘的质量相同，通过添加不同质量分数的复合粉体抑爆剂，测试碳酸氢钠/硅藻土复合粉体抑爆剂的抑爆性能。铝粉尘和碳酸氢钠/硅藻土复合粉体抑爆剂测试结果表明，随着碳酸氢钠/硅藻土复合粉体抑爆剂的增加，达到最大爆炸压力的时间增加，P_{max} 逐渐减小。从图 8-28 中可以看出抑制效果明显，当添加到 100%复合粉体抑爆剂时 P_{max} 降至 0.07MPa 以下，为了比较抑爆性能，分别进行了 100%纯碳酸氢钠和 100%纯硅藻土抑制实验，100%纯碳酸氢钠和 100%纯硅藻土的爆炸压力曲线高于 100%复合粉体抑爆剂，这表明碳酸氢钠/硅藻土复合粉体抑爆剂要比单一碳酸氢钠和硅藻土的抑制效果更好。

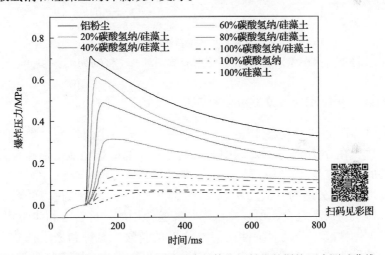

图 8-26　碳酸氢钠、硅藻土及其复合粉体和铝粉尘的爆炸压力测试曲线

不同质量分数的碳酸氢钠/硅藻土复合粉体抑爆剂对 P_{max} 和 $(dP/dt)_{max}$ 的影响如图 8-27 所示，随着碳酸氢钠/硅藻土复合粉体抑爆剂质量分数的增加，对反应过程中 P_{max} 和 $(dP/dt)_{max}$ 都有较显著的抑制，当添加 20%的碳酸氢钠/硅藻土复合粉体抑爆剂时，$(dP/dt)_{max}$ 由纯铝粉尘的 96.7MPa/s 迅速下降到 41.5MPa/s，降幅为 57%，P_{max} 由纯铝粉尘的 0.71MPa 下降到 0.6MPa，下降幅度为 15.5%。由图 8-29 中 P_{max} 和 (dP/dt) 变化曲线可以发现，复合粉体抑爆剂质量分数在 0～40%时，对 $(dP/dt)_{max}$ 的影响较大，主要是由于碳酸氢钠的分解产生二氧化碳会迅速地抑制反应的进行，在 40%～60%时，P_{max} 和 $(dP/dt)_{max}$ 的下降幅度相似，在 60%～100%

时，对 P_{max} 的影响较大，主要是随着复合粉体抑爆剂质量分数的增加，硅藻土的质量分数不断增加，游离的硅藻土会形成隔离层，也会形成不同的温度梯度，阻隔爆炸压力的传播，所以对 P_{max} 的影响较大。从图 8-26 中也可以看出 100% 的复合粉体抑爆剂要比 100% 的单体抑制效果更佳明显，所以碳酸氢钠/硅藻土复合粉体抑爆剂对铝粉尘爆炸具有良好的抑制作用。

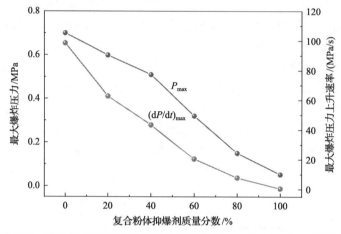

图 8-27　碳酸氢钠/硅藻土复合粉体抑爆剂对 P_{max} 和 $(dP/dt)_{max}$ 的影响

4. 磷酸二氢钾/蒙脱石复合粉体抑爆剂

最大爆炸压力和最大爆炸压力上升速率是评价粉尘爆炸严重程度的两个重要特征参数。在 20L 球形爆炸罐中测试复合粉体的抑爆性能，铝硅合金粉尘与不同质量的磷酸二氢钾/蒙脱石复合粉体抑爆剂充分混合。磷酸二氢钾/蒙脱石复合粉体的惰性比① 分别为 0.6、0.9、1.2、1.5 和 1.8。因为加入过多的粉尘会堵塞管道导致粉尘喷射不完全，所以每次爆炸实验使用的铝硅合金粉尘量均为 6g。为了比较抑爆性能，分别对惰性比均为 1.8 的磷酸二氢钾和蒙脱石进行对比实验，实验结果如图 8-28 所示。从图 8-28(a) 中可以看出，随着磷酸二氢钾/蒙脱石复合粉体抑爆剂的增加，P_{max} 逐渐减小。当复合粉体抑爆剂的惰性比为 1.8 时，P_{max} 降至 0.1MPa 以下。通过磷酸二氢钾和蒙脱石的对比实验，可以看到磷酸二氢钾、蒙脱石和复合粉体抑爆剂惰性比都为 1.8 时，添加了复合粉体的铝硅合金的爆炸压力曲线整体都要低于添加了磷酸二氢钾和蒙脱石的，这表明磷酸二氢钾/蒙脱石复合粉体抑爆剂要比单一磷酸二氢钾或蒙脱石粉体的抑制效果更好。

将磷酸二氢钾/蒙脱石复合粉体抑爆剂与铝硅合金的 P_{max} 和 $(dP/dt)_{max}$ 的变化趋势整理如图 8-28(b) 所示。从图 8-28(b) 中可以看到，P_{max} 和 $(dP/dt)_{max}$ 都随着复

---

① 惰性比为惰性粉体占总粉尘的质量比。

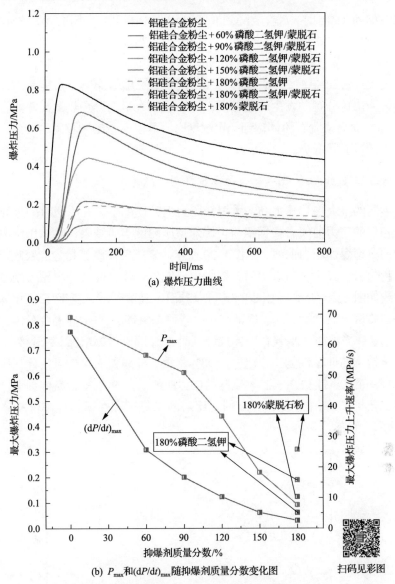

(a) 爆炸压力曲线

(b) P_{max} 和 $(dP/dt)_{max}$ 随抑爆剂质量分数变化图

扫码见彩图

图 8-28 抑爆剂对铝硅合金粉尘爆炸的抑制效果对比

合粉体抑爆剂质量分数的增加而减小。纯铝硅合金的 P_{max} 为 0.83MPa，当复合粉体抑爆剂的质量分数分别为 60%和 90%时，P_{max} 分别为 0.68MPa 和 0.61MPa，下降幅度较为缓慢。而当复合粉体抑爆剂的质量分数为 60%时，$(dP/dt)_{max}$ 从纯铝硅合金粉尘的 64.45MPa/s 下降到 25.78MPa/s，降幅为 60%。当复合粉体抑爆剂的质量分数为 120%时，P_{max} 下降到 0.44MPa，降幅较为显著。随着复合粉体抑爆剂质量分数的增加，$(dP/dt)_{max}$ 继续下降，但下降幅度较为缓慢。在复合粉体抑爆剂质量分数增加到 180%时，P_{max} 下降到 0.092MPa，$(dP/dt)_{max}$ 下降到 2.58MPa/s。由图 8-28 中 P_{max} 和 $(dP/dt)_{max}$ 变化曲线可以发现，当复合粉体抑爆剂的质量分数较小（<60%）时，复合粉体抑制剂对 $(dP/dt)_{max}$ 的影响较大，当复合粉体抑爆剂的质量分数较大（>120%）时，复合粉体抑制剂对 P_{max} 的影响较大，可能是因为磷酸二氢钾粉体能快速分解并发生熔融相变，能够吸收大量的燃烧热量，并能显著降低 $(dP/dt)_{max}$，而当蒙脱石粉体达到一定浓度时，可以隔绝铝颗粒间的传热，导致反应不完全，从而降低 P_{max}。

5. 磷酸二氢钾/二氧化硅复合粉体抑爆剂

在不同的最大爆炸压力和最大爆炸压力上升速率下，几乎所有的爆炸过程都呈现出相似的压力曲线，根据铝粉尘爆炸超压测试实验结果，总结出铝粉尘爆炸过程中的典型爆炸压力曲线，如图 8-29 所示。高压气体将铝粉尘颗粒喷出，在罐中形成粉尘云，经过延时点火后，铝粉尘云发生爆燃，使装置中压力剧增，爆炸压力曲线如图 8-30 所示。由图 8-30 可以看出，随着磷酸二氢钾/二氧化硅复合粉体抑爆剂质量分数增加，P_{max} 逐渐减小。磷酸二氢钾/二氧化硅复合粉体抑爆剂抑制效果明显，当添加 90%复合粉体抑爆剂时 P_{max} 降至 0.07MPa 以下。为了比较单体与复合粉体的抑爆性能，分别进行 90%磷酸二氢钾和 90%二氧化硅超压抑制实验，90%磷酸二氢钾和 90%二氧化硅的压力曲线高于 90%复合粉体抑爆剂，这表明磷酸二氢钾/二氧化硅复合抑爆剂要比磷酸二氢钾和二氧化硅单体粉体的抑制效果更好。

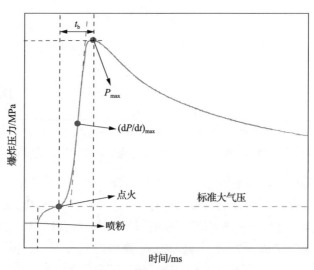

图 8-29　铝粉尘爆炸压力曲线

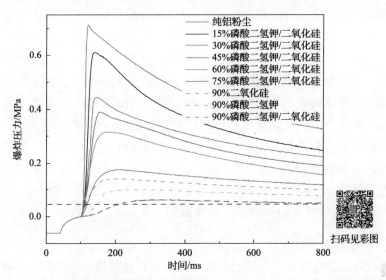

图 8-30　添加不同质量分数的复合粉体抑爆剂和单体抑爆剂抑制铝粉尘爆炸的压力曲线

　　不同质量分数的磷酸二氢钾/二氧化硅复合粉体抑爆剂对 P_{max} 和 $(dP/dt)_{max}$ 的影响如图 8-31 所示。随着磷酸二氢钾/二氧化硅复合抑爆剂质量分数的增加，对反应过程中 P_{max} 和 $(dP/dt)_{max}$ 都有较显著的抑制效果。当添加 15% 的磷酸二氢钾/二氧化硅复合粉体抑爆剂时，$(dP/dt)_{max}$ 由纯铝粉的 97MPa/s 迅速下降到 86MPa/s，降幅为 11.3%，P_{max} 由纯铝粉的 0.73MPa 下降到 0.63MPa，降幅为 13.7%。复合粉

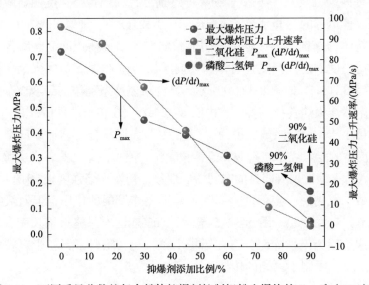

图 8-31　不同质量分数的复合粉体抑爆剂抑制铝粉尘爆炸的 P_{max} 和 $(dP/dt)_{max}$

体抑爆剂质量分数在 15%~60%时，对$(dP/dt)_{max}$的影响较大。随着磷酸二氢钾/二氧化硅复合粉体抑爆剂的增加，磷酸二氢钾的分解产生偏磷酸钾会迅速的抑制反应的进行，二氧化硅的含量也不断增加，游离的二氧化硅会形成隔离层阻隔爆炸压力的传播，形成不同的温度梯度，P_{max}和$(dP/dt)_{max}$随着磷酸二氢钾/二氧化硅复合粉体抑爆剂含量的增加不断下降。当添加 90%磷酸二氢钾/二氧化硅复合粉体抑爆剂时，P_{max}降至 0.1MPa 以下，完全抑制铝粉尘的爆炸。为了比较单体粉体与复合粉体抑爆剂的抑爆性能，分别进行了 90%磷酸二氢钾和 90%二氧化硅超压抑制实验，90%磷酸二氢钾和 90%二氧化硅的最大爆炸压力和最大爆炸压力上升速率都高于 90%磷酸二氢钾/二氧化硅复合粉体抑爆剂，这表明磷酸二氢钾/二氧化硅复合粉体抑爆剂要比磷酸二氢钾和二氧化硅单体粉体的抑爆效果更好。

8.3.2 新型复合粉体抑爆剂对铝粉尘或铝硅合金粉尘爆炸火焰的抑制实验

1. 核-壳结构的磷酸二氢钙/赤泥复合粉体抑爆剂

图 8-32 给出了采用高速摄影机记录的铝粉尘以及添加不同质量分数的抑爆剂后的铝粉尘在长为 600mm 的垂直玻璃管中被点燃后的火焰传播过程。从图 8-32(a)可以看出，铝粉尘具有较强的爆炸性，铝粉尘云被点燃后产生强烈的刺眼白光且火焰传播迅速，在 50ms 时火焰就传播至玻璃管的顶部。如图 8-32(b)所示，加入 20%的磷酸二氢钙/赤泥复合粉体抑爆剂后，火焰传播速度明显减慢，火焰传播至玻璃管顶部的时间延迟了 45ms。图 8-32(c)中，加入 40%的磷酸二氢钙/赤泥复合粉体抑爆剂后，火焰亮度明显减弱，火焰传播速度显著降低，并且最大火焰传播高度缩短。当复合粉体抑爆剂增加到 60%时，最大火焰传播高度显著降低[图 8-32(d)]。如图 8-32(e)所示，复合粉体抑爆剂添加到 80%后，基本实现了铝粉尘爆炸火焰传播的抑制。由图 8-32(e)、(f)和(g)可以看出，图(e)的火焰面积明显小于图(f)和(g)，说明磷酸二氢钙/赤泥复合粉体抑爆剂抑制铝粉尘爆炸火焰传播的能力优于纯磷酸二氢钙和赤泥。值得注意的是，在实验中纯磷酸二氢钙加入后火焰发展有明显的时间滞后现象，初始火焰强度较弱[图 8-32(g)]。这说明磷酸二氢钙在一定程度上起到了延缓爆炸发展的作用，但对最终火焰长度的影响不如赤泥颗粒。图 8-32(f)显示，80%赤泥对最终火焰长度有较好的抑制作用。这是因为惰性赤泥分散在铝粉尘颗粒间，阻碍了铝粉尘颗粒之间的传热和接触反应，限制了火焰的传播。

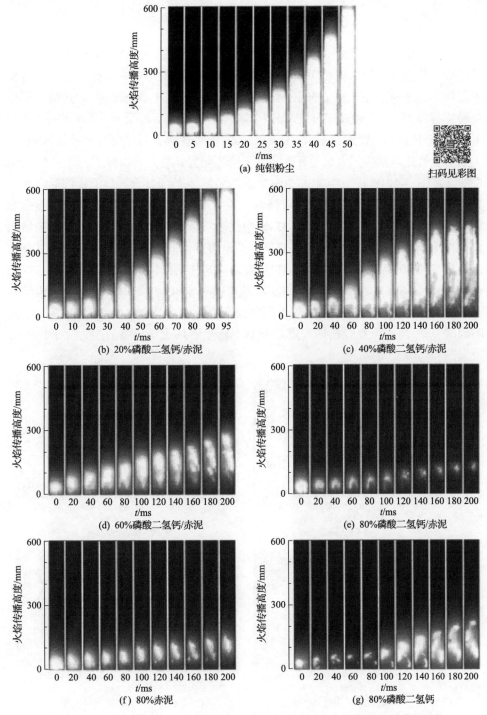

图 8-32　磷酸二氢钙、赤泥及其复合粉体对铝粉尘爆炸火焰传播抑制效果比较

2. 碳酸氢钠/高岭土复合粉体抑爆剂

铝粉尘爆炸火焰传播形态如图 8-33 所示，图 8-33(a)为铝粉尘爆炸的火焰传播过程，从点火开始，铝粉尘颗粒被点燃，火焰从点火中心向外传播，传播过程中爆炸火焰逐渐变亮，在 t=50ms 到达垂直玻璃管顶端。添加碳酸氢钠/高岭土复合粉体抑爆剂后火焰的传播过程如图 8-33(b)～(e)所示。将图 8-33(b)～(e)与图 8-33(a)比较，在图 8-33(b)中，加入 10%的碳酸氢钠/高岭土复合粉体抑爆剂后，火焰的上升速度减慢，火焰上升的高度下降不明显，最大火焰传播高度在 570mm 左右。在图 8-33(c)中，当加入 20%的碳酸氢钠/高岭土复合粉体抑爆剂后，火焰亮度明显减弱，火焰传播速度显著降低，并且火焰面积减小，最大火焰传播高度约为 500mm。在图 8-33(d)和 8-33(e)中当碳酸氢钠/高岭土复合粉体抑爆剂增加到 30%和 40%时，最大火焰传播高度继续显著降低。如图 8-33(h)所示，复合抑爆剂添加到 50%后，基本实现了铝粉尘爆炸火焰传播的抑制。图 8-33(f)、8-33(g)和 8-33(h)，通过对 50%高岭土、50%碳酸氢钠和 50%复合粉体抑爆剂的火焰状态比较，可以看出图 8-33(h)的火焰面积和长度明显小于图 8-33(f)和图 8-33(g)，说明碳酸氢钠/高岭土复合粉体抑爆剂抑制铝粉尘爆炸火焰传播的能力优于纯的碳酸氢钠和高岭土粉体。

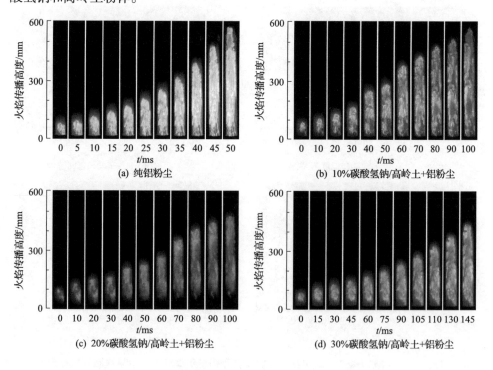

(a) 纯铝粉尘

(b) 10%碳酸氢钠/高岭土+铝粉尘

(c) 20%碳酸氢钠/高岭土+铝粉尘

(d) 30%碳酸氢钠/高岭土+铝粉尘

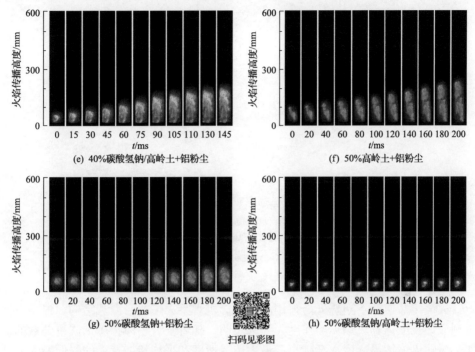

图 8-33　碳酸氢钠、高岭土及其复合粉体对铝粉尘爆炸火焰传播抑制效果比较

铝粉尘爆炸火焰传播速度如图 8-34 所示。图 8-34（a）显示加入不同质量分数的碳酸氢钠/高岭土复合粉体抑爆剂后铝粉尘爆炸的火焰速度，爆炸火焰传播速度先增大后减小，火焰最大传播速度和平均传播速度不断减少，如图 8-34（b）所示。对纯铝粉尘爆炸火焰分析，不断增大的已燃区与未燃区传递热量，导致火焰传播速度加快。随着粉尘云燃烧，管道中的氧气含量减少，由于粉尘颗粒的重力因素

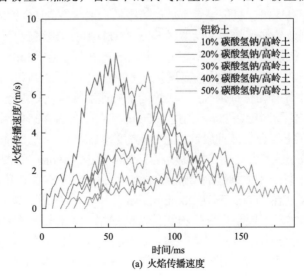

(a) 火焰传播速度

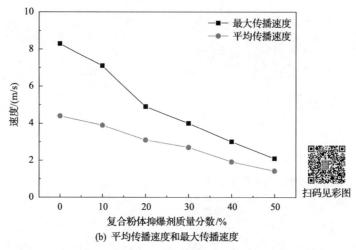

图 8-34　添加不同质量分数的碳酸氢钠/高岭土复合粉体抑爆剂
对铝粉尘爆炸火焰传播速度的影响

导致火焰传播速度不断降低。采用高速摄影机观察火焰前沿微观结构，根据不同时刻火焰长度计算火焰传播速度，结果表明，随着复合粉体抑爆剂质量分数的增加，爆炸火焰传播速度逐渐减小，最大传播速度和平均传播速度的降低最大分别为 78.17%和 59.11%，并且与复合粉体抑爆剂的质量分数呈正相关。纯铝粉尘爆炸火焰最大传播速度为 8.34m/s，平均传播速度为 4.45m/s。当添加复合粉体抑爆剂的质量分数为 40%和 50%时，爆炸火焰的最大传播速度分别降低到 3.11m/s 和 2.05m/s，平均传播速度分别为 2.45m/s 和 1.72m/s。

3. 碳酸氢钠/硅藻土复合粉体抑爆剂

本实验采用高速摄影机记录垂直玻璃管中的火焰状态，复合粉体抑爆剂对铝粉尘火焰传播抑制效果如图 8-35 所示。在图 8-35(a) 中可以观察到明显的火焰传播状况，铝粉尘被点燃后产生较大且明亮的火焰并迅速传播，在 45ms 时火焰就传播至垂直玻璃管的顶部，最大火焰传播高度接近 600mm。在图 8-35(b) 中，加入 15%的碳酸氢钠/硅藻土复合粉体抑爆剂后，火焰的上升速度减慢，火焰上升的高度也相应降低，最大火焰传播高度在 90ms 到达 500mm 左右。在图 8-35(c) 中，当加入 30%的碳酸氢钠/硅藻土复合粉体抑爆剂后，火焰亮度明显减弱，火焰传播速度显著降低，并且火焰面积减小，最大火焰传播高度在 160ms 到达 300mm。在图 8-35(d) 中，当碳酸氢钠/硅藻土复合粉体抑爆剂增加到 45%时，最大火焰传播高度继续显著降低，最大火焰传播高度在 180ms 到达 200mm。如图 8-35(e) 所示，复合粉体抑爆剂添加 60%后，基本实现了铝粉尘爆炸火焰传播的抑制，仅在点火源附近有少量火源。图 8-35(e)、(f) 和(g) 中，通过对 45%复合粉体抑爆剂、45%碳酸氢钠、45%硅藻土的火焰状态比较，可以看出图 8-35(e) 的火焰面积和长度明显小于图 8-35(f)

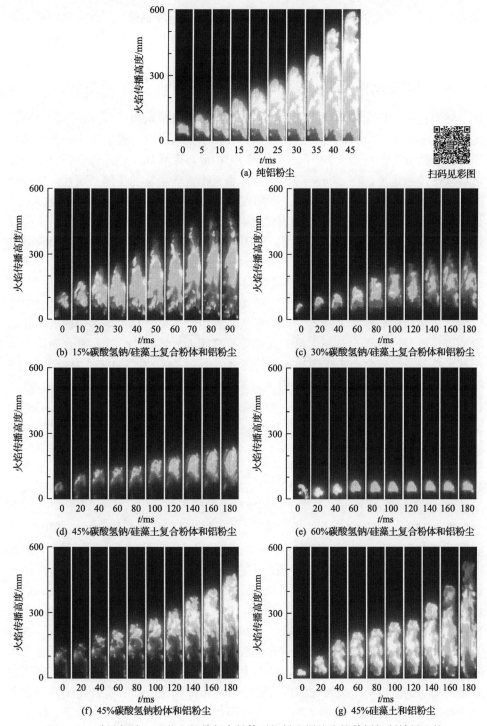

扫码见彩图

图 8-35　碳酸氢钠、硅藻土及其复合粉体对铝粉尘爆炸火焰传播抑制效果比较

和图 8-35(g)，说明碳酸氢钠/硅藻土复合粉体抑爆剂抑制铝粉尘爆炸火焰传播的能力优于纯碳酸氢钠和硅藻土粉体，碳酸氢钠/硅藻土复合粉体抑爆剂具有较好的抑制能力。

4. 磷酸二氢钾/蒙脱石复合粉体抑爆剂

将铝硅合金粉尘与不同质量分数的复合粉体抑爆剂均匀混合，并用高速摄影机记录铝硅合金粉尘和混合粉尘在垂直玻璃管中被点燃后，火焰到达垂直玻璃管顶部的传播过程，如图 8-36 所示。从图 8-36(a)可以看到，铝硅合金粉尘云被点燃后火焰传播迅速，在 50ms 时火焰就传播至垂直玻璃管的顶部。而且火焰燃烧时伴有刺眼白光，火焰形状规整。在加入磷酸二氢钾/蒙脱石复合粉体抑爆剂后，火焰传播速度明显减慢，当复合粉体的惰性比为 0.25 时，在点火 100ms 后铝硅合金粉尘火焰传播至垂直玻璃管顶部，如图 8-36(b)所示。图 8-36(c)中，当磷酸二氢钾/蒙脱石复合粉体惰性比为 0.5 时，火焰前期缓慢氧化时间明显增加，火焰传播速度显著降低，并且火焰亮度明显减弱。当复合粉体抑爆剂的惰性比增加到 1.0 时，可以明显看出最大火焰传播高度降低，如图 8-36(d)所示。从图 8-36(d)中可以明显看出火焰亮度大大减弱，火焰形状较为模糊。当复合粉体抑爆剂的惰性比增加到 1.2 后，铝硅合金粉尘最大火焰传播高度大大地减小，这时复合粉体抑爆剂基本抑制了铝硅合金粉尘爆炸火焰的传播。图 8-36(f)和 8-36(g)为惰性比 1.2 的磷酸二氢钾和蒙脱石粉的混合粉尘火焰传播情况。由图 8-36(e)、(f)和(g)对比可以看出，图 8-36(e)的最大火焰传播高度明显小于图 8-36(f)和图 8-36(g)，而且图 8-36(e)中的火焰相较于图 8-36(f)和图 8-36(g)中的火焰明显亮度更小，火焰形状更为模糊。说明磷酸二氢钾/蒙脱石复合抑爆剂抑制铝硅合金粉尘爆炸火焰传播的能力优于纯磷酸二氢钾和蒙脱石粉体。值得注意的是，在实验中发现，加入磷酸二氢钾后火焰前期缓慢氧化时间明显增加，初始火焰强度较弱[图 8-36(g)]。这说明磷酸二氢钾在一定程度上起到了延缓爆炸发展的作用。

图 8-37 显示了铝硅合金粉尘与磷酸二氢钾/蒙脱石复合粉体、磷酸二氢钾和蒙脱石粉体混合的火焰传播高度和最大火焰传播速度。从图 8-37 中可以看出，加入复合粉体会延长火焰传播到最大传播高度的时间，而且随着复合粉体的惰性比增加，最大火焰传播速度都在慢慢减小。从图 8-37(b)中看出，未加入抑爆剂的铝硅合金粉尘的最大火焰传播速度为 11.9m/s，当复合粉体的惰性比分别为 0.25、0.5、1.0、1.2 时，最大火焰传播速度降到 6.0m/s、4.7m/s、2.6m/s、1.5m/s。当磷酸二氢钾/蒙脱石复合粉体、磷酸二氢钾和蒙脱石粉体的惰性比相同时，加入复合粉体的粉尘火焰传播的最大传播高度和最大火焰传播速度都要小于加入磷酸二氢钾和蒙脱石粉体的。磷酸二氢钾和蒙脱石粉的惰性比都为 1.2 时，混合粉尘的最大火焰传播速度分别为 3.0m/s 和 4.7m/s。所以可以得出复合粉体的抑制效果要优于纯磷酸二氢钾和蒙脱石粉体。

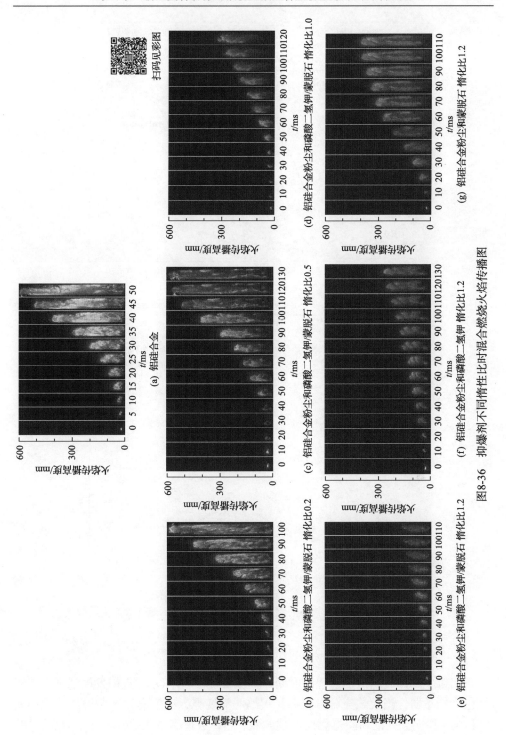

图8-36 抑爆剂不同惰性比时混合燃烧火焰传播图

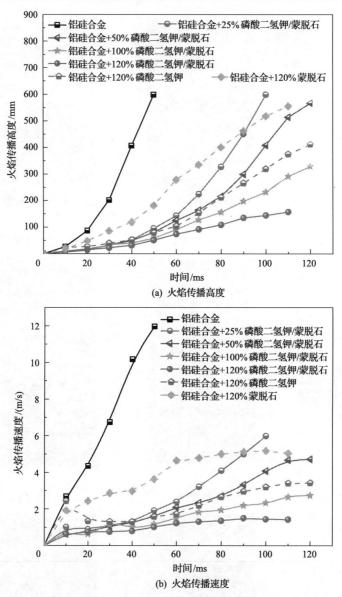

图 8-37　铝硅合金粉尘与不同质量分数的抑爆剂混合后爆炸火焰传播情况

5. 磷酸二氢钾/二氧化硅复合粉体抑爆剂

　　铝粉尘爆炸火焰传播过程的时间序列图如图 8-38 所示，火焰发展初期，其淡红色光较微弱，当火焰充分发展后，火焰明显变亮，火焰高度逐渐增加。火焰亮度越强，说明该处的粉尘爆燃反应越剧烈，热释放速率越大。随着火焰继续发展，整个垂直玻璃管内火焰发出亮光，火焰锋面到达最高处时，火焰仍在垂直玻璃管内持续燃烧，但火焰发光亮度逐渐降低。图 8-39 为纯铝粉尘和含有不同质量分数的复合粉体抑爆剂的铝粉尘的爆炸火焰传播时间序列图，从点火开始，铝粉尘被点燃，火焰从点火中心向外传播，传播过程中爆炸火焰逐渐变亮，在 $t=55\text{ms}$ 到达玻璃管顶端。添加磷酸二氢钾/二氧化硅复合粉体抑爆剂后火焰的传播过程如图 8-39(b)～(e)所示。将图 8-39(a)与图 8-39(b)～(e)比较，加入复合粉体抑爆剂后，爆炸火焰的长度有了明显的下降，如图 8-39(b)所示，加入 10%磷酸二氢钾/二氧化硅复合粉体抑爆剂后，火焰上升的高度变化不明显，最大火焰传播高度在 571mm；在图 8-39(c)中，当加入 20%的磷酸二氢钾/二氧化硅复合粉体抑爆剂后，火焰亮度明显减弱，并且火焰面积减小，最大火焰传播高度为 463mm；在图 8-39(d)和图 8-39(e)中当磷酸二氢钾/二氧化硅复合粉体抑爆剂增加到 30%和 40%时，最大火焰传播高度继续显著降低，最大火焰传播高度分别为 337mm、154mm；如图 8-39(f)所示，复合粉体抑爆剂添加到 50%后，铝粉尘火焰传播高度降为 110mm；当添加复合粉体抑爆剂到 60%时，实现对铝粉尘爆燃的抑制；图 8-39(e)、图 8-39(g)和图 8-39(h)，通过对 40%二氧化硅、40%磷酸二氢钾和 40%复合粉体抑爆剂的火焰状态比较，可以看出图 8-39(e)的火焰面积和长度明显小于图 8-39(g)和图 8-39(h)，说明磷酸二氢钾/二氧化硅复合粉体抑爆剂抑制铝粉火焰传播的能力优于磷酸二氢钾和二氧化硅单体粉体。

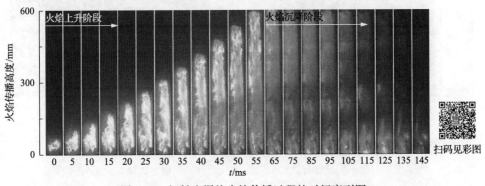

图 8-38　铝粉尘爆炸火焰传播过程的时间序列图

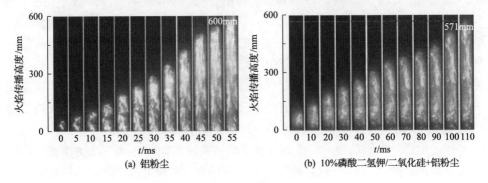

(a) 铝粉尘

(b) 10%磷酸二氢钾/二氧化硅+铝粉尘

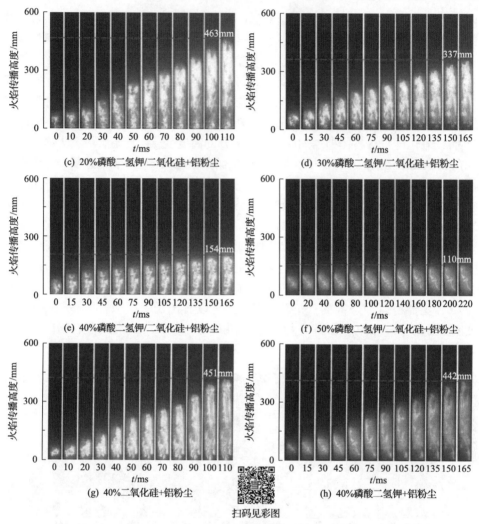

图 8-39　纯铝粉尘和含不同质量分数的复合粉体抑爆剂的铝粉尘的爆炸火焰传播时间序列图

综合分析图 8-38、图 8-39 可知，在初始阶段，垂直玻璃管内的铝粉尘爆炸火焰发展时间较长，火焰传播速度较慢；但是在中后期，火焰传播速度明显加快，直至火焰冲出垂直玻璃管。不同条件下的铝粉尘爆炸火焰形态均不相同，火焰前锋形状不规则，当管内火焰发展至中后期，火焰锋面的不规则程度加大，也变得更加褶皱。这是因为在垂直玻璃管中，底部的喷气孔在管内形成湍流，铝粉尘在气流的作用下形成浓度较为均匀的粉尘云，但湍流的存在会对粉尘爆炸火焰传播过程造成一定的影响，因此湍流流动导致了火焰形态的不规则。

铝粉尘爆炸火焰的最大传播速度和平均传播速度如图 8-40 所示，当加入不同质量分数的磷酸二氢钾/二氧化硅复合粉体抑爆剂，铝粉尘爆炸火焰的最大传播速度和平均传播速度不断降低。采用高速摄影机，观察火焰前沿微观结构，根据不同时刻火焰长度计算火焰传播速度，结果表明：随着复合粉体抑爆剂质量分数的增大，爆炸火焰的传播速度逐渐减小，最大传播速度和平均传播速度分别下降了88.46%和 92.66%，纯铝粉尘爆炸火焰最大传播速度为 15.6m/s，平均传播速度为 10.9m/s。当添加复合粉体抑爆剂的质量分数为 40%和 50%时，爆炸火焰的最大传播速度分别降为 3.2m/s 和 1.8m/s，平均传播速度分别降为 1.5m/s 和 0.8m/s。当复合粉体抑爆剂质量分数为 40%时，磷酸二氢钾和二氧化硅单体粉体抑制铝粉尘爆炸火焰的最大传播速度和平均传播速度都大于复合粉体抑爆剂，进一步说明磷酸二氢钾/二氧化硅复合粉体抑爆剂抑制铝粉尘爆炸火焰传播的能力优于磷酸二氢钾和二氧化硅单体粉体抑爆剂。

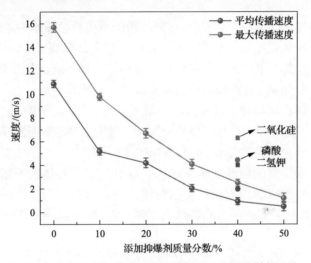

图 8-40　铝粉尘爆炸火焰的最大传播速度和平均传播速度

8.4　新型复合粉体抑爆剂的抑制机理

8.4.1　磷酸二氢钙/赤泥复合粉体抑爆剂对铝粉尘的抑制机理

　　粉尘爆炸产物的微观特征是研究粉尘爆炸过程及爆炸机理的重要依据。图 8-41 展示了铝粉尘爆炸产物的照片和 SEM 图像。从图 8-41（a）可以看出，铝粉尘爆炸产物为白色絮状物；从图 8-41（b）可以看出，铝粉尘的爆炸产物是纳米尺寸的球形颗粒。结合以往的研究，铝粉尘的爆炸过程可以总结为：铝粉尘颗粒被加热后，氧化铝薄膜熔融破裂,铝粉尘颗粒表面发生非均相燃烧反应,随着温度升高至 2327℃（铝沸点），生成铝蒸汽，进行剧烈的气相燃烧反应，形成纳米尺寸的氧化铝颗粒。

(a) 爆炸产物照片　　　　　　　　　　　(b) 爆炸产物SEM图像

图 8-41　铝粉尘爆炸产物照片和 SEM 图像

图 8-42 中给出了磷酸二氢钙/赤泥复合粉体对铝粉尘爆炸的抑制机理。磷酸二氢钙/赤泥复合粉体，不但具有良好的分散性，还可以起到良好的协同抑爆作用，从而大幅度地提高赤泥基体材料和磷酸二氢钙的抑爆性能。复合粉体由两种组分组成，即外层的磷酸二氢钙和内核的赤泥基体。在铝粉尘爆炸过程中，磷酸二氢钙/赤泥复合粉体在爆炸冲击波和高温作用下，作为包覆层的磷酸二氢钙粒子从赤泥基体上分离，充分分散悬浮于爆炸空间中，复合粉体表面积增大，赤泥表面的孔隙显露，并且在高温和爆炸冲击波的作用下可能产生更多的裂隙。随着爆燃反应的发展，爆炸空间的温度越来越高。这时，复合粉体在不断完成结构分离的同时，对爆炸反应起到不同的抑制作用。在高温作用下，磷酸二氢钙部分化学键受热断裂，随着温度的升高粉体晶型转变加快，逐渐有焦磷酸根和偏磷酸根

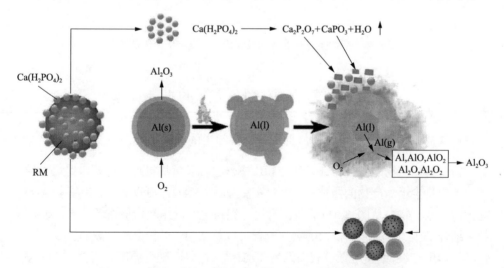

图 8-42　磷酸二氢钙/赤泥复合粉体对铝粉尘爆炸的抑制机理

产生，在反应过程中可以吸收火焰热量；反应过程中生成的中间产物焦磷酸钙（$Ca_2P_2O_7$）和偏磷酸钙[$Ca(PO_3)_2$]，在爆炸场中发生相变，稀释了可以参加化学反应的铝离子及其他游离基，从而达到减缓爆炸反应进程的目的。另外，裸露的赤泥基体分散在空间中，能起到很好的隔离与中断作用，限制火焰的传播；并且由于赤泥多孔且吸附能力强，能很好地吸附爆炸反应过程中的自由基，进一步对铝粉尘爆炸反应加以抑制。

8.4.2　碳酸氢钠/高岭土复合粉体抑爆剂对铝粉尘的抑制机理

碳酸氢钠/高岭土复合粉体抑爆剂对铝粉尘爆炸的抑制机理如图 8-43 所示，碳酸氢钠/高岭土复合粉体抑爆剂通过物理和化学作用抑制铝粉尘爆炸。

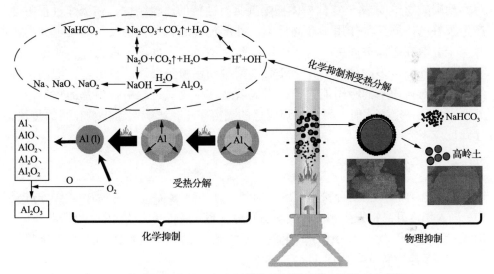

图 8-43　碳酸氢钠/高岭土复合粉体抑爆剂对铝粉尘爆炸的抑制机理

（1）物理效应就是复合粉体抑爆剂从反应体系中吸收热量，复合粉体热分解为碳酸氢钠和高岭土粉体。高岭土具有高的耐火性和绝热性，减弱了反应区燃烧产物对未燃区铝粉尘颗粒的传热，在抑制过程中高岭土独特的结构减少了自由基的生成概率和反应活性，降低了自由基的反应速率，在爆炸过程中外部包裹的碳酸氢钠与高岭土分离（图 8-43），并完全分散在爆炸空间中，高岭土会与碳酸氢钠产生很好的协同抑制作用。当高岭土达到一定浓度时，可以起到明显的隔离作用，影响铝粉尘颗粒间的传热，导致反应不完全。

（2）化学效应主要是随着反应温度的升高，碳酸氢钠粉体能快速分解并发生相变，吸收大量的燃烧热量，并能显著降低 $(dP/dt)_{max}$。随着碳酸氢钠发生分解，高温分解的二氧化碳也会降低氧含量，阻断了铝粉尘颗粒的传热过程。在高温下，碳酸氢钠生成的水吸收热量，水分子会吸热蒸发，对于爆炸火焰具有冷却作用，有效降低了铝粉尘爆炸强度。水分子产生的氢离子和氢氧根离子会继续与钠的氧化物反应，最终生成稳定的氧化物 Al_2O_3。

8.4.3 碳酸氢钠/硅藻土复合粉体抑爆剂对铝粉尘的抑制机理

抑爆实验结果表明，碳酸氢钠/硅藻土复合粉体抑爆剂对铝粉尘爆炸的抑制效果显著，其具有明显的物理化学协同抑制作用，主要有以下两个方面。

1. 物理抑制方面

通过 SEM 观察可得到硅藻土孔隙度大、微孔丰富，在抑制过程中硅藻土独特的多孔结构增加了自由基的接触面积和反应生成自由基的反应表面，也可以观察到碳酸氢钠/硅藻土复合粉体抑爆剂具有独特的簇状结构，在爆炸过程中会产生很好的协同抑制作用。在高温下，外部包裹的碳酸氢钠层与硅藻土分离，并完全分散在爆炸空间中，由于外层碳酸氢钠脱离了硅藻土负载体，使得表面积较大、孔隙较多的硅藻土完全暴露，接触到铝粉尘爆炸的自由基，增加了抑制过程中对自由基的吸附能力，可以显著地减少反应过程中自由基的数量，当硅藻土达到一定浓度时，可以起到明显的隔离作用，影响铝粉尘颗粒间的传热，导致反应不完全。

2. 化学抑制方面

碳酸氢钠/硅藻土复合粉体抑爆剂抑制机理如图 8-44 所示。铝粉尘爆炸过程中，随着温度升高铝发生相变，由固态变为液态，铝在变化过程中不断吸收氧气，形成一系列氧化物 AlO、Al_2O、Al_2O_2，不稳定氧化物继续和氧反应形成稳定氧化物，重要反应方程式如式(8-1)~式(8-5)：

$$Al + O_2 \longrightarrow AlO + O \tag{8-1}$$

$$Al + O \longrightarrow AlO \tag{8-2}$$

$$AlO + Al \longrightarrow Al_2O \tag{8-3}$$

$$Al_2O + O_2 \longrightarrow Al + Al_2O_2 \tag{8-4}$$

$$Al_2O_2 + O \longrightarrow Al_2O_3 \tag{8-5}$$

复合粉体是由碳酸氢钠和硅藻土共同组成的，随着反应温度的升高，碳酸氢钠粉体能快速分解并发生相变，吸收大量的燃烧热量，并能显著降低$(dP/dt)_{max}$。随着碳酸氢钠发生分解，高温分解的二氧化碳也会降低氧含量，阻断铝粉尘颗粒传热过程，反应的重要方程式如式(8-6)~式(8-12)。

$$2NaHCO_3 \longrightarrow Na_2CO_3 + CO_2\uparrow + H_2O \tag{8-6}$$

$$Na_2CO_3 \longrightarrow Na_2O\uparrow + CO_2\uparrow \tag{8-7}$$

$$NaO + H_2O \longrightarrow NaOH + OH\cdot \tag{8-8}$$

$$NaO_2 + OH\cdot \longrightarrow NaOH + O_2 \tag{8-9}$$

$$Na_2O + OH\cdot \longrightarrow NaOH \tag{8-10}$$

$$Al(OH)_3 + NaOH \longrightarrow NaAlO_2 + 2H_2O \tag{8-11}$$

$$2Al(OH)_3 \longrightarrow Al_2O_3 + 3H_2O \tag{8-12}$$

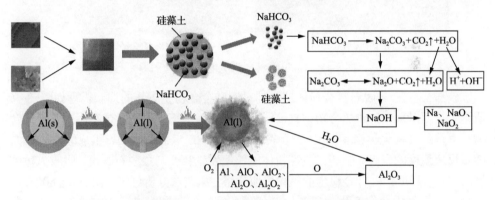

图 8-44　碳酸氢钠/硅藻土复合粉体抑爆剂对铝粉尘爆炸的抑制机理

综上所述，碳酸氢钠/硅藻土复合粉体的不同成分和独特的复合结构在抑制过程中发挥着重要协同抑制作用，所以通过高压冲击法使碳酸氢钠与硅藻土粉体结合良好，充分发挥了协同抑爆作用，达到了较好的抑爆效果。

8.4.4　磷酸二氢钾/蒙脱石复合粉体抑爆剂对铝硅合金粉尘的抑制机理

抑爆实验结果表明，磷酸二氢钾/蒙脱石复合粉体抑爆剂对铝硅合金粉尘爆炸的抑爆效果显著，观察并分析粉尘爆炸产物的微观特征有助于研究粉尘爆炸过程及爆炸机理。将铝硅合金及其爆炸后产物收集，并用 SEM 对其表面微观形态进行观察，SEM 图像如图 8-45 所示。对比图 8-45(a)和图 8-45(b)可以看出，爆炸后的铝硅合金的粒径远远小于爆炸前的，而且可以看出爆炸后的铝硅合金颗粒表面较爆炸前更平滑。通过实验结果推测，铝硅合金粉尘爆炸过程分为两个阶段：受热缓慢氧化阶段和表面快速氧化反应阶段。受空气中的氧气缓慢氧化，铝硅合金表面有一层氧化铝薄膜。点火后在达到铝的沸点之前，受热辐射和热传导，铝硅合金不断氧化，氧化铝膜不断加厚，内部熔化的液态铝尚不能突破氧化铝膜与氧气接触产生剧烈反应。当外部温度达到了铝的沸点时，大量液态铝开始汽化，形成铝蒸汽并膨胀。当铝蒸汽气压达到一定的程度超过氧化铝膜的耐压极限时，氧化铝膜破裂，大量铝蒸汽喷出，高温铝蒸汽遇空气即刻发生猛烈燃烧，在喷出口附近形成气相火焰，放出大量热和强烈的光，这与煤等有机质矿物的爆炸原理有一定的相似性，都是由气相燃烧引起的粉尘爆炸。

(a) 铝硅合金爆炸前　　　　　　　　　　　　(b) 铝硅合金爆炸后

图 8-45　铝硅合金粉尘爆炸前后 SEM 图像

　　磷酸二氢钾/蒙脱石复合粉体抑爆剂对铝硅合金粉尘爆炸的抑制机理如图 8-46 所示。长期以来，含磷化合物一直被认为具有抑制火焰的能力，这归因于含磷化合物与火焰的气相化学相互作用。复合粉体是由磷酸二氢钾和蒙脱石组成的。一方面，随着反应温度的升高，磷酸二氢钾粉体能快速发生相变与蒙脱石脱离，吸收大量的燃烧热量，降低铝硅合金粉尘的氧化反应速率。从热重分析可知，在 200～800℃内磷酸二氢钾发生分解产生焦磷酸钾和偏磷酸钾，偏磷酸钾进一步的晶型转变和蒸

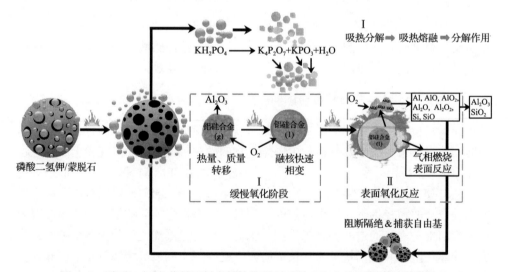

图 8-46　磷酸二氢钾/蒙脱石复合粉体抑爆剂对铝硅合金粉尘爆炸的抑制机理

发，都能吸收大量的热，这阻断了火焰对铝硅合金颗粒的热辐射和热传导，阻止了铝硅合金进行缓慢氧化阶段或减缓了缓慢氧化阶段，这大大地减小了铝硅合金的爆炸速率；蒙脱石粉体在脱去表面吸附水和晶体结构水能够吸收爆炸过程中产生的热量，而且脱离了磷酸二氢钾的蒙脱石粉体分散在铝硅合金粉中，能隔离、中断铝硅合金粉尘颗粒之间的传热，减缓铝硅合金的快速氧化反应，限制火焰的传播。另一方面，磷酸二氢钾在高温中的分解产生 K^+、$P_2O_7^{2-}$、PO_3^-，以及鳞片状的蒙脱石粉体（$(Al,Mg)_2[Si_4O_{10}](OH)_2 \cdot nH_2O$)，在受热脱水过程中产生的金属离子可与爆炸产生的关键活性自由基 OH·、H·、O·发生结合反应，减少爆炸活性自由基的数量，进一步抑制铝硅合金粉尘的爆炸反应。磷酸二氢钾/蒙脱石复合粉体既能抑制铝硅合金的爆炸速率又能对其爆炸压力产生影响，能够达到良好的抑爆效果。

8.4.5　磷酸二氢钾/二氧化硅复合粉体抑爆剂对铝粉尘的抑制机理

　　磷酸二氢钾/二氧化硅复合粉体抑爆剂对铝粉尘爆炸的抑制机理如图 8-47 所示，铝粉尘爆燃过程中的氧化反应机理非常复杂。在铝粉尘的氧化过程中，反应温度升高到表面氧化铝熔融温度时，会导致氧化层变薄并出现缺口，氧气和熔融铝发生剧烈反应。磷酸二氢钾/二氧化硅复合粉体抑爆剂通过物理抑制效应和化学抑制效应抑制铝粉尘爆炸，抑制机理分析如下。

　　(1)物理抑制效应就是从燃烧反应中吸收热量，复合粉体抑爆剂热分解为磷酸二氢钾和二氧化硅粉体。在爆炸过程中外部包裹的二氧化硅粉体与磷酸二氢钾粉

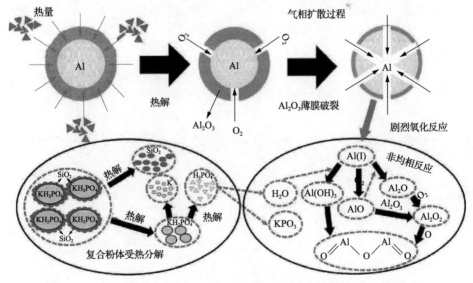

图 8-47　磷酸二氢钾/二氧化硅复合粉体抑爆剂对铝粉尘爆炸的抑制机理

体分离，并完全分散在爆炸空间中，二氧化硅粉体具有较高的耐火性和绝热性，在抑制过程中二氧化硅粉体起到隔离作用，降低了自由基的反应速率。

(2)化学抑制效应主要是随着反应温度的升高，磷酸二氢钾粉体快速受热分解，吸收大量的热量，在高温下磷酸二氢钾生成的水吸收热量，水分子会吸热蒸发，对于爆炸火焰具有冷却作用；磷酸二氢钾产生的偏磷酸钾会随着温度的增加进行晶型转变和蒸发，有效降低了铝粉尘爆炸强度。

参 考 文 献

[1] 周树南, 汪佩兰. 粉尘云最小点火能量的计算机辅助测试[J]. 北京理工大学学报, 1997, (4): 118-122.

[2] 李新光, 董洪光, Radandt S, 等. 粉尘云最小点火能测试方法的比较与分析[J]. 东北大学学报(自然科学版), 2004, 25(1): 44-49.

[3] Randeberg E, Eckhoff R K. Measurement of minimum ignition energies of dust clouds in the ＜1mJ region[J]. Journal of Hazardous Materials, 2006, 140(1): 237-244.

[4] Choi K, Sakurai N, Yanagida K, et al. Ignitability of aluminous coating powders due to electrostatic spark[J]. Journal of Loss Prevention in the Process Industries, 2010, 23(1): 183-185.

[5] Choi K S, Yamaguma M, Kodama T, et al. Characteristics of the vibrating-mesh minimum ignition energy testing apparatus for dust clouds[J]. Journal of Loss Prevention in the Process Industries, 2001, 14(6): 443-447.

[6] 徐文庆, 陈志, 黄莹, 等. 密闭空间中甘薯粉爆炸特性的试验研究[J]. 安全与环境学报, 2011, 11(5): 158-161.

[7] 蒯念生, 黄卫星, 袁旌杰, 等. 点火能量对粉尘爆炸行为的影响[J]. 爆炸与冲击, 2012, 32(4): 432-438.

[8] Janes A, Carson D, Accorsi A, et al. Correlation between self-ignition of a dust layer on a hot surface and in baskets in an oven[J]. Journal of Hazardous Materials, 2008, 15(1): 528-535.

[9] 文虎, 李凯, 王秋红, 等. 彩色玉米粉粉尘云最低引燃温度试验研究[J]. 安全与环境学报, 2018, 18(3): 915-919.

[10] Querol E, Torrent J G, Bennett D, et al. Ignition tests for electrical and mechanical equipment subjected to hot surfaces[J]. Journal of Loss Prevention in the Process Industries, 2006, 19(6): 639-644.

[11] 赵江平, 东淑. 不同木粉尘的最低着火温度对比实验研究[C]//公共安全科学技术学会, 全国高校安全科学与工程学术年会委员会. 第31届全国高校安全科学与工程学术年会暨第13届全国安全工程领域专业学位研究生教育研讨会论文集. 2019: 94-100.

[12] 杜志明. 高温热表面上沉积的可燃性粉尘自热着火研究[J]. 兵工安全技术, 2000, 99(1): 25-28.

[13] 汪佩兰, 王海福, 李盛, 等. 含能材料粉尘爆炸压力和压力上升速率的研究[J]. 兵工学报, 1995, (3): 59-63.

[14] 喻健良, 闫兴清, 陈玲. 密闭容器内微米级铝粉爆炸实验研究与数值模拟[J]. 工业安全与环保, 2011, 37(11): 12-15.

[15] 范健强, 白建平, 赵一姝, 等. 硫磺粉尘爆炸特性影响因素试验研究[J]. 中国安全科学学报, 2018, 28(2): 81-86.

[16] 郑秋雨, 孙永强, 王旭, 等. 粉尘爆炸超压及响应研究[J]. 电气防爆, 2017, (2): 1-4.

[17] 王琼慧. 糖粉粉尘爆炸特性研究[D]. 成都: 西南石油大学, 2016.

[18] 喻源, 刘斐斐, 马香香, 等. 橡胶粉尘的爆炸特性及抑爆的试验研究[J]. 安全与环境学报, 2018, 18(3): 920-924.

[19] 裴蓓, 朱知印, 余明高, 等. 瓦斯/煤尘爆炸初期复合火焰加速及灾害强化机制分析[J]. 工程热物理学报, 2021, 42(7): 1879-1886.

[20] 李凯. 彩跑粉燃爆特性及抑爆实验研究[D]. 西安: 西安科技大学, 2017.

[21] 任一丹, 刘龙, 袁旌杰, 等. 粉尘爆炸中惰性介质抑制机理及协同作用[J]. 消防科学与技术, 2015, 34(2): 158-162.

[22] 许红利. 超细水雾抑制瓦斯煤尘混合爆炸模拟实验研究[D]. 合肥: 中国科学技术大学, 2013.

[23] 王燕, 程义伸, 曹建亮, 等. 核-壳型 $KHCO_3$/赤泥复合粉体的甲烷抑爆特性[J]. 煤炭学报, 2017, 42(3): 653-658.

[24] 陈曦, 陈先锋, 张洪铭, 等. 惰化剂粒径对铝粉火焰传播特性影响的实验研究[J]. 爆炸与冲击, 2017, 37(4): 759-765.

[25] Saeed M A, Farooq M, Anwar A, et al. Flame propagation and burning characteristics of pulverized biomass for sustainable biofuel[J]. Biomass Conversion and Biorefinery, 2020, 11: 1-9.

[26] Lee M, Ranganathan S, Rangwala A S. Influence of the reactant temperature on particle entrained laminar methane–air premixed flames[J]. Proceedings of the Combustion Institute, 2015, 35(1): 729-736.

[27] Oleszczak P, Klemens R. Mathematical modelling of dust–air mixture explosion suppression[J]. Journal of Loss Prevention in the Process Industries, 2005, 19(2): 187-193.

[28] Gieras M, Klemens R. Studies of dust explosion suppression by water spraysand extinguishing powders[J]. Journal de Physique IV (Proceedings), 2002, 12(7): 149-156.

[29] Levitas V I, McCollum J, Pantoya M. Pre-Stressing micron-scale Aluminum core-shell particles to improve reactivity[J]. Scientific Reports, 2015, 5(1): 7879.

[30] 陈志华, 范宝春, 李鸿志. 燃烧管内悬浮铝粉燃烧爆炸过程的研究[J]. 高压物理学报, 2006, 20(2): 157-162.

[31] Wang J, Meng X, Ma X, et al. Experimental study on whether and how particle size affects the flame propagation and explosibility of oil shale dust[J]. Process Safety Progress, 2019, 38(3): e12075.1-e12075.11.

[32] 范宝春, 丁大玉, 浦以康, 等. 球型密闭容器中铝粉爆炸机理的研究[J]. 爆炸与冲击, 1994, (2): 148-156.

[33] 洪滔, 秦承森. 爆轰波管中铝粉尘爆轰的数值模拟[J]. 爆炸与冲击, 2004, 24(3): 193-200.

[34] 王林元, 吕瑞琪, 邓洪波. 不同粒径镁铝合金粉尘爆炸与抑爆特性研究[J]. 中国安全生产科学技术, 2017, 13(1): 34-38.

[35] 章君, 胡双启. 镁铝合金粉最小点火能的实验研究[J]. 中国粉体技术, 2015, (5): 103-105, 108.

[36] 王霞飞. 镁铝合金粉最低着火温度及最小点火能的非线性预测[D]. 太原: 中北大学, 2016.

[37] 曹杭, 程道来, 张志凯, 等. 铝镁合金粉尘安全特性实验研究[J]. 消防科学与技术, 2015, 34(10): 1324-1332.

[38] Friedman R, Macek A. Ignition and combustion of aluminium particles in hot ambient gases[J]. Combustion & Flame, 1962, 6(62): 9-19.

[39] Ogle R A, Chen L D, Beddow J K, et al. An investigation of Aluminum dust explosions[J]. Combustion Science and Technology, 1988, 61(1-3): 75-99.

[40] Yuan C M, Yu L F, Li C, et al. Thermal analysis of magnesium reactions with nitrogen/oxygen gas mixtures[J]. Journal of Hazardous Materials, 2013, 260(15): 707-714.

[41] Aly Y, Dreizin E L. Ignition and combustion of Al Mg alloy powders prepared by different techniques[J]. Combustion & Flame, 2015, 162(4): 1440-1447.

[42] Aly Y, Schoenitz M, Dreizin E L. Ignition and combustion of mechanically alloyed Al-Mg powders with customized particle sizes[J]. Combustion & Flame, 2013, 160(4): 835-842.

[43] 伍毅, 袁旌杰, 蒯念生, 等. 碳酸盐对密闭空间粉尘爆炸压力影响的试验研究[J]. 中国安全科学学报, 2010, (10): 92-96.

[44] 付羽, 李刚, 孙飞, 等. 镁粉粉末惰化性能实验研究[C]//东北大学. 国际安全科学与技术学术研讨会论文集. 2008: 603-607.

[45] Jiang H, Bi M, Li B, et al. Inhibition evaluation of ABC powder in aluminum dust explosion[J]. Journal of hazardous materials, 2018, (361): 273-282.

[46] Dastidar A, Amyotte P. Determination of minimum inerting concentrations for combustible dusts in a laboratory-scale chamber[J]. Process Safety & Environmental Protection, 2002, 80(6): 287-297.

[47] 李亚男. 磷酸二氢铵对金属粉尘的爆炸抑制研究[D]. 太原: 中北大学, 2015.

[48] 邓军, 屈姣, 王秋红, 等. ABC/MCA 粉体对铝金属粉爆炸特性的影响[J]. 西安科技大学学报, 2020 (40) : 18-23.

[49] Amyotte P R, Cloney C T, Khan F I, et al. Dust explosion risk moderation for flocculent dusts[J]. Journal of Loss Prevention in the Process Industries, 2012, 25 (5) : 862-869.

[50] Yu J, Zhang X, Zhang Q, et al. Combustion behaviors and flame microstructures of micro-and nano-titanium dust explosions[J]. Fuel, 2016, 181: 785-792.

[51] Boilard S P, Amyotte P R, Khan F I, et al. Explosibility of micron-and nano-size titanium powders[J]. Journal of Loss Prevention in the Process Industries, 2013, 26: 1646-1654.

[52] Wang J, Meng X, Yan K, et al. Suppression of Aluminum dust explosion by $Ca (H_2PO_4)_2$/RM composite powder with core–shell structure: effect and mechanism[J]. Processes, 2019, 7 (10) : 761.

[53] 李立东. 铝粉爆炸泄放及抑制实验研究[D]. 大连: 大连理工大学, 2013.

[54] Jiang H, Bi M, Li B, et al. Flame inhibition of aluminum dust explosion by $NaHCO_3$ and $NH_4H_2PO_4$[J]. Combustion and Flame, 2019 (200) : 97-114.

[55] Jiang H, Bi M, Gao W. Effect of monoammonium phosphate particle size on flame propagation of aluminum dust cloud[J]. Journal of Loss Prevention in the Process Industries, 2019, 60: 311-316.

[56] Zhang T, Bi M, Jiang H. Suppression of aluminum dust explosions by expandable graphite[J]. Powder Technology, 2020, 366: 52-62.

[57] Jiang H, Bi M, Gao W. Suppression mechanism of aluminum dust cloud by melamine cyanurate and melamine polyphosphate[J]. Journal of Hazardous Materlals, 2020, 386: 121648.

[58] Bu Y, Li C, Amyotte P, et al. Moderation of Al dust explosions by micro-and nano-sized Al_2O_3 powder[J]. Journal of Hazardous Materlals, 2019, 381: 120968.

[59] Miao N, Zhong S, Yu Q. Ignition characteristics of metal dusts generated during machining operations in the presence of calcium carbonate[J]. Journal of Loss Prevention in the Process Industries, 2016, 40: 174-179.

[60] Huang C, Chen X, Yuan B, et al. Suppression of wood dust explosion by ultra-fine magnesium hydroxide[J]. Journal of Hazardous Materlals, 2019, 378: 120723.

[61] Wang Z, Meng X, Yan K. Inhibition effects of $Al (OH)_3$ and $Mg (OH)_2$ on Al-Mg alloy dust explosion[J]. Journal of Loss Prevention in the Process Industries, 2020, 66: 104206.

编 后 记

　　"博士后文库"是汇集自然科学领域博士后研究人员优秀学术成果的系列丛书。"博士后文库"致力于打造专属于博士后学术创新的旗舰品牌，营造博士后百花齐放的学术氛围，提升博士后优秀成果的学术影响力和社会影响力。

　　"博士后文库"出版资助工作开展以来，得到了全国博士后管委会办公室、中国博士后科学基金会、中国科学院、科学出版社等有关单位领导的大力支持，众多热心博士后事业的专家学者给予积极的建议，工作人员做了大量艰苦细致的工作。在此，我们一并表示感谢！

"博士后文库"编委会